入眼·入脑·入手·易教·乐学

U0102441

职业教育美容美体专业课程改革新教材

美容基础

MEIRONG JICHU

主　　编 ◎ 陈晓燕

执行主编 ◎ 徐　雯

副 主 编 ◎ 王小江

北京师范大学出版集团
BEIJING NORMAL UNIVERSITY PUBLISHING GROUP
北京师范大学出版社

图书在版编目（CIP）数据

美容基础／徐雯 执行主编. -- 北京：北京师范大学出版社，2020.9（2022.9重印）
职业教育美容美体专业课程改革新教材／陈晓燕主编
ISBN 978-7-303-26275-5

Ⅰ．①美… Ⅱ．①徐… Ⅲ．①美容－中等专业学校－教材 Ⅳ．①TS974.1

中国版本图书馆CIP数据核字（2020）第157507号

教材意见反馈：gaozhifk@bnupg.com 010-58805079
营销中心电话：010-58802755 58801876

出版发行：北京师范大学出版社 www.bnup.com
　　　　　北京市西城区新街口外大街12-3号
　　　　　邮政编码：100088
印　　刷：天津旭非印刷有限公司
经　　销：全国新华书店
开　　本：787 mm×1092 mm　1/16
印　　张：9
字　　数：180千字
版　　次：2020年9月第1版
印　　次：2022年9月第2次印刷
定　　价：32.00元

策划编辑：鲁晓双　　　　　责任编辑：朱前前
美术编辑：焦 丽　　　　　装帧设计：李尘工作室
责任校对：包冀萌　　　　　责任印制：陈 涛

再版序

　　从2007年起，浙江省对中等职业学校的专业课程进行了改革，通过大量的调查和研究，形成了"公共课程+核心课程+教学项目"的专业课程改革模式。美容美体专业作为全省十四个率先完成《教学指导方案》和《课程标准》研发的专业之一，先后于2013年、2016年由北京师范大学出版社出版了由许先本、沈佳乐担任丛书主编的《走进美容》《面部护理（上、下）》《化妆造型（上、下）》《美容服务与策划》六本核心课程教材。该系列教材在全省开设美容美发与形象设计专业的中职学校推广使用，因其打破了原有的学科化课程体系，在充分考虑中职生特点的基础上设计了适宜的"教学项目"，强调"做中学"和"理实一体"，故受到了师生的一致好评，在同类专业教材中脱颖而出。

　　教材出版发行后，相关配套资源开发工作也顺利进行。经过一线专业教师的协同努力，各本教材中所有项目各项工作任务的教学设计、配套PPT，以及关键核心技术点的微课均已开发完成，并形成了较为齐备的网络教学资源。全国、全省范围内围绕教材开展了多次教育教学研讨活动，使编写者在实践中对教材研发、修订有了新的认识与理解。

为应对我国现阶段社会主要矛盾的变化，实现职业教育"立德树人"总目标，提升中职学生专业核心素养，培养复合型技术技能型人才，依据教育部职业教育与成人教育司颁布的《中等职业学校专业教学标准（试行）》相关要求，编写者对教材进行了再版修订。在原有六本教材的基础上，依据最新标准，更新了教材名称、图片、案例、微课等内容，新版教材名称依次为《美容基础》《护肤技术（上）》《护肤技术（下）》《化妆基础》《化妆造型设计》《美容服务与策划》。本次修订主要呈现如下特色：

第一，将学生职业道德养成与专业技能训练紧密结合，通过重新编排、组织的项目教学内容和工作任务较好地落实了核心素养中"品德优良、人文扎实、技能精湛、身心健康"等内容在专业教材中落地的问题。

第二，对照国家教学标准，在充分吸收国内外行业企业发展最新成果的基础上，借鉴世界技能大赛美容项目各模块评分要求，针对中职生学情调整了部分教学内容与评价要求，进一步体现了专业教学与行业需求接轨的与时俱进。

第三，体现"泛在学习"理念，借助现代教学技术手段，依托一流专业师资，构建了体系健全、内容翔实、教学两便、动态更新的"丽人会"数字教学资源库，帮助教师和学生打造全天候的虚拟线上学习空间。

再版修订之后的教材内容更加满足企业当下需求并具有一定的前瞻性，编排版式更加符合中职生及相关人士的阅读习惯，装帧设计更具专业特色、体现时尚元素。相信大家在使用过程中一定会有良好的教学体验，为学生专业成长助力！

是为序。

陈晓燕

2020年6月

序

在一个较长的时期，职业教育作为"类"的本质与特点似乎并没有受到应有的并且是足够的重视，人们总是基于普通教育的思维视角来理解职业教育，总是将基础教育的做法简单地类推到职业教育，这便是所谓的中职教育"普高化"倾向。

事实上，中等职业教育具有自身的特点，正是这些特点必然地使得中等职业教育具有自身内在的教育规律，无论是教育内容还是教育形式，无论是教育方法还是评价体系，概莫能外。

我以为，从生源特点来看，中职学生普遍存在着知识基础较差，专业意识虚无，自尊有余而自信不足；从学习特点来看，中职学生普遍存在着学习动力不强，厌学心态明显，擅长动手操作；从教育特点来看，中职学校普遍以就业为导向，强调校企合作，理实一体。基于这样一些基本的认识，从2007年开始，浙江省对中等职业学校的专业课程进行改革，通过大量的调查和研究，形成了"公共课程+核心课程+教学项目"的专业课程改革模式，迄今为止已启动了七个批次共计42个专业的课程改革项目，完成了数控、汽车维

修等14个专业的《教学指导方案》和《课程标准》的研发，出版了全新的教材。美容美体专业是我省确定的专业课程改革项目之一，呈现在大家面前的这套教材是这项改革的成果。

浙江省的本轮专业课程改革，意在打破原有的学科化专业课程体系，根据中职学生的特点，在教材中设计了大量的"教学项目"，强调动手，强调"做中学"，强调"理实一体"。这次出版的美容美体专业课程的新教材，较好地体现了浙江省专业课程改革的基本思路与要求，相信对该专业教学质量的提升和教学方法的改变会有明显的促进作用，相信会受到美容美体专业广大师生的欢迎。

我们同时也期待着使用该教材的老师和同学们能在共享课程改革成果的同时，也能对这套教材提出宝贵的批评意见和改革建议。

是为序。

方展画

2013年7月

内容简介

　　本书是中等职业学校美容美体专业的核心课程之一，依据教育部《中等职业学校专业教学标准（试行）》的要求编写而成。

　　本书编写突出以职业需求为依据、以能力培养为本位、以任务驱动为导向的理念，致力于满足学生职业生涯发展的需要。项目选择来源于工作过程，通过各项目的情境学习，让同学们了解美容业的发展过程，美容产品的分类和特点；主要美容产品品牌和美容界名人；美容业从业人员的职业要求和职业道德；掌握辨别美容产品的简易方法，自我美容美体护理的基本技巧，从而对美容行业和美容从业人员有所认识。

前 言

习近平同志在党的十九大报告中强调：中国特色社会主义进入新时代，我国社会主要矛盾已经转化为人民日益增长的美好生活需要和不平衡不充分的发展之间的矛盾。作为类别教育，职业教育特别是中等职业教育所培养的技能型人才恰恰是化解社会主要矛盾，为人民追求美好生活提供切实服务的有为劳动者。坚持"立德树人"育人总目标，遵循《国家职业教育改革实施方案》基本要求，深化专业课程改革，培育学生核心素养是新时代职业教育发展的明确路径。

中等职业学校美容美体专业（专业代码110100）的设立与发展，极大顺应了人民生活水平日益提高、向往美好生活的现实需求。经过十多年发展，目前全国各省份，特别是沿海经济发达地区开设该专业的学校如雨后春笋般涌现，专业人才培养的数量不断增加，质量迅速提升。但由于缺少整体规划与布局，该专业自主性发展特征明显。虽然有国家制定的《中等职业学校专业教学标准（试行）》，但鉴于各地区办学水平不尽相同，师资力量差距明显，对教学标准理解不到位、认识不统一，严重影响了专业进一步良性向好发展，一线专业教师对优质教材的需求亟待满足。

本套美容美体专业教材是在严格遵循国家专业教学标准并充分考虑专业发展、学生学情的基础上，紧密依靠行业协会、行业龙头企业技术骨干力量，由长期在美容美体专业教学一线的老师精心编写而成的。整套教材以各门核心课程中提炼出来的"关键技能"培养为目标，深切关

注学生"核心素养"的培育，通过"项目教学+任务驱动"呈现，并贯彻多元评价理念，确保教材的实用性与前瞻性。该系列教材图文并茂、可读性强；书中的工作任务单以活页形式呈现，取用方便。该套教材重在技能落实，巧在理论解析，妙在各界咸宜。其最初版本曾作为浙江省中职美容美体专业课改教材在全省推广使用，师生普遍反应较好。

本书依据《中等职业学校专业教学标准（试行）》要求编写。本书突出以职业需求为依据，以能力培养为本位，以促进就业为导向，以服务发展为宗旨的理念，致力于满足学生职业生涯发展的需要，采用项目教学辅以情境形式呈现。通过各项目的情景教学，让同学们了解美容业的发展过程，美容产品的分类和特点；主要美容产品品牌和美容界名人；美容业从业人员的职业道德和职业要求；掌握辨别美容产品的简易方法，自我美容美体护理的常识和技巧，从而对美容美体行业和美容美体从业人员有所认识。本书根据教学内容特点和培训需要，对美容美体行业进行了具体的叙述和分析，分别以"认识美容""体验美容""欣赏美容""我的美容人生"四个项目组成纵向结构，可以比较清晰地展示行业发展史，以便学生更全面地了解行业的发展趋势和特点，从而相应地提高职业素养。

本书既可供中等职业学校美容美体及相关专业的学生使用，又可作为美容师岗位培训及爱美人士学习的参考书，建议教学学时为36学时，具体学时分配如下表（供参考）。

项目	课程内容	建议学时
一	认识美容	6
二	体验美容	8
三	欣赏美容	12
四	我的美容人生	10

本教材由陈晓燕主编，徐雯任执行主编，王小江任副主编，赵婷、张筱雅、张秋玲、张梦梦、韩笑等同学担任插图模特。本书在编写过程中得到了杭州市拱墅区职业高级中学招生就业处杨熙老师、基地管理处孔晶晶老师、数字影像组陈明航老师等的帮助，以及杭州妍工房美容有限公司创始人孙晓和技术经理刘欣婷的技术支持，在此一并表示感谢！

在教材编写过程中，我们参考和应用了一些专业人士的相关资料，转载了有关图片，在此对他们表示衷心的感谢。我们在书中尽力注明，如有遗漏之处，敬请读者谅解指正。同时，由于编者水平有限，书中难免有不足之处，敬请读者提出宝贵的意见与建议，以求不断改进，使其日臻完善。

目 录

 项目四 ｜ 我的美容人生／71

项目一

认识美容

情境导入

夕瑶是一个爱美的女孩，从小对保养打扮很感兴趣，因此她报考了美容美体专业，梦想能成为一名合格的美容行业从业人员，但她却不知道何为美容，今天她将和我们一起从认识美容开始学习。

我们的目标是

- 初步了解美容的含义，美容的历史
- 认识美容项目的分类及其区别
- 了解美容院的卫生要求和7S管理
- 认识美容业现状，了解美容业发展趋势

着手的任务是

- 掌握美容与化妆的区别
- 树立健康正确的审美观
- 掌握从古至今美容方式的变化

任务实施中

任务一　揭开美容神秘的面纱

夕瑶在第一次上课前就有一大堆问题想向老师提问，她最想问的就是"什么是美容？什么是美容院？美容又包括哪些内容和项目呢？"。今天，我们就一起来揭开美容神秘的面纱。

一、美容的概念

美容一词可以从两个角度来理解。一个是"容"这个字，另一个是"美"。"容"包括脸、体态和修饰三层意思。"美"则具有形容词和动词的两层含义。形容词表明美容的结果和目的是美丽好看的；动词则表明美容的过程，即美化和改变的意思。因此，简单地讲，美容是一种改变原有的形态，使之成为文明的、高素质的、具有可以被人接受和喜爱的外观形象的活动和过程，或为达到此目的而使用的产品和方法。

🔧 任务拓展

任务情境

老师在首次上课前布置了一个任务"我心中的美容"，要求三人为一组制作一个以"美容"为主题的PPT课件。夕瑶和同学们第一次听到有这样的作业，觉得新鲜有趣，跃跃欲试。

任务要求

1. 小组合作完成一组页数在15页的幻灯片，片中包括解释美容的定义、美容的历史和美容业的现状的内容。

2. 要求图文并茂、结构完整、语言精练、解释准确。

3. 有自己的想法，并能自圆其说。

任务实施

1. 课前查阅资料，选择自己所喜爱的主题和内容对"美容"进行解释和探索。

2. 完成表格的内容。

任务步骤	内　　容
查找图片资料	
查找文字资料	
制作PPT课件	
课堂讲解展示	
其他工作	

3. 小组讨论，自我归纳幻灯片的中心思想。

4. 小组成果展示，互相交流，评价优点和不足。

 重点突破

美容与化妆有何不同

　　广义的美容指的是对身体、容貌的美化，通过皮肤护理、身体按摩等方式方法去改变人体的外观形态。而化妆是针对面部的妆点美化，修饰美化人的肤色和五官，弥补因先天因素引起的不协调、不美观。初学者经常把两者概念混淆，其实它们所注重的方面不同，所用的方法也有很大不同，这两个学科互相交叉融合，但最终都是创造美的。

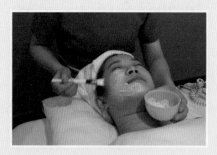
图1-1-1　面部护理

图1-1-2　面部化妆

二、美容的起源

　　原始社会，人们对大自然极其敬畏。为了驱赶邪恶，我们的祖先用"生命之水"（血液）或者红土涂抹在脸部或身体上，表达对自然的崇拜，表示以勇敢来抗衡邪恶。当这种活动成为一种庄严神圣的仪式时，人们在不断重复这个

活动的同时也认识到涂抹对皮肤的影响和涂抹产生的装饰效果。由此，人们渐渐发现了这种活动中美的意义，从而产生了最早的美容。

　　古代埃及，人们为了滋润皮肤和防止日晒，在皮肤上涂抹各种药剂和油膏。古埃及妇女喜欢用黑颜料来描眼的轮廓，用孔雀石粉制成的绿颜料涂在眼皮上，用黑灰色的锑粉把眉毛描得像柳叶一样细长，用乳白色的油脂抹在身上，使用红颜料涂抹嘴唇和脸颊，甚至把手、脚的指甲都要染上橘红色，非常惹人注目。

　　在中国殷商时期，人们已用燕地红蓝花叶捣汁凝成脂来饰面。据记载，春秋时周郑之女，用白粉敷面，用青黑颜料画眉。汉代以后，开始出现妆点、扮妆、妆饰等字词。唐代出现了面膜美容。

图1-1-3　正在梳妆的埃及妇女

 任务拓展

任务情境

　　夕瑶问道："老师，既然这么早就有人开始美容了，那他们当时是怎么想到要去美容的呢？"

任务要求

1. 联系上文总结陈述一下古人最初进行美容的原因。

2. 使用网络资源，收集各种信息。

3. 模拟古人的心理状态，大胆猜测。

例文

古埃及人美容大猜想

气候特点	美容措施	我的猜想
热带沙漠气候，日照强度高，气温高，温差大，降水少	在眼睛周围涂上黑色	类似于我们现在太阳镜的作用，为了防晒
	在身体上涂抹乳白色的含有特殊气味的油脂	热带地区蛇虫鼠蚁较多，涂抹油脂保护皮肤不受其侵害
	在面部涂抹油脂	天气干燥，保持皮肤水分

 相关链接

我国古人的美容方法

在古人日常清洁和保养面部皮肤的活动中，淘米水曾经扮演了重要的角色。《礼记·内则》记载："三日具沐，其间面垢，燂潘清靧。"潘是古人创造的一种用温热的米汁沐发洗面的方法，被称作"潘"的米汁也有专门的分类，《礼记·内则》又说"沐稷而靧梁"，说明洗面用的是梁米做的淘米水。唐代已经制作出"澡豆"来洗手面。《千金翼方》中记载了大量的澡豆配方，如"令人面手白净澡豆方：白鲜皮、白僵蚕、白附子、白芷、芎藭、白术、青木香、甘松香、白檀香……鸡子白七枚，面三升，右贰拾味，先以猪胰和面暴令干，然后合诸药捣筛为散，又和白豆屑二升。用洗手面，十日内色白如雪，二十日如凝脂"。

三、美容的分类

美容可分为生活美容和医学美容，他们像美容大家庭里的同胞姐妹，非常相似又各有千秋。

生活美容是指使用美容用品用具，包括使用化妆品、美容仪器、按摩等非侵入性的美容手段，对皮肤进行保养护理，对人体外在形态进行修饰美化。

医学美容是指使用针灸、手术、医疗器械等侵入性的美容手段，对人体外在形态进行修复和再造；包括我们常说的整容。

图1-1-4 整容手术

 重点突破

生活美容和医学美容的区别

首先，生活美容和医学美容都属于美容的范围，都是为了创造美，但它们所使用的技术和工具都有所不同，所达到的效果也有很大的区别，一般来说，我们以是否侵入人体来作为判断生活美容和医学美容的首要标准。

项目	生活美容	医学美容
实施者	具有国家认定的职业资格的美容师	具有执业医师资格的医生
实施手段	简单的美容护理手段，难度较小	医疗，手术手段，难度较大
实施场所	具有工商营业许可的美容院	具有专业资质的医疗机构
实施工具	化妆品、护肤品、美容仪器	医疗器械、药物
实施部位	皮肤	皮肤和深层组织

相关链接

近年来，整容变"毁容"的案例屡见不鲜，根本原因是普通大众对生活美容和医学美容概念分不清，没有选择适合自己的美容手段。有位年过不惑的女士经朋友介绍到某医院进行去眼袋手术，结果医生下手太"重"，眼袋去多了，导致该女士下眼睑向外翻，眼睛难以完全闭拢。该女士非常痛苦：白天眼白外翻，"瞪着"眼睛看别人，夜里则难合眼安睡。

<pre>
                                    ┌ 面部基础护理
                                    │ 问题皮肤护理（色斑、痤疮等）
                          ┌ 面部   │ 特殊部位护理（唇部、眼部）
                          │ 护理   ┤ 头面部经穴美容按摩
                          │   └ 面部刮痧美容
                 ┌ 皮肤 ┤
                 │ 护理 │   ┌ 减肥
                 │   │   │ 美胸
         ┌ 生活 │   └ 身体 ┤ 肩颈保健
         │ 美容 ┤   护理 │ 身体排毒（引流、刮痧、拔罐等）
         │   │   └ 水疗（SPA）
         │   │
         │   └ 修饰
美容   ┤   化妆
         │
         │   ┌ 美容牙科（美白牙齿、矫正牙齿等）
         │   │ 美容皮肤科（药物治疗、光学疗法等）
         │ 医学 │ 美容中医科（针灸、中药调理等）
         └ 美容 ┤ 注射美容（注射除皱、注射丰唇、注射丰颊等）
                  │ 美容外科（改脸型、隆鼻、重睑、开内眼角、手术吸脂等）
                  │ 物理美容（冷冻治疗）
                  └ 文饰美容（文眉、文眼线、文身等）
</pre>

 课后思考

填空题

生活美容是指使用美容用品用具，包括使用_____、_____、_____等非侵入性的美容手段，对_____进行保养护理，对人体外在形态进行修饰美化。

医学美容是指使用针灸、手术、医疗器械等_____的美容手段，对人体外在形态进行修复和再造；包括我们常说的_____。

案例分析

夕瑶班里有个女同学体形偏胖，常被人取笑"大象腿"，她感到很自卑。她偶然发现街角的美容院打出了"三十分钟腿部溶脂"的广告，马上跃跃欲试。夕瑶该怎么劝阻她，让她不要听信广告呢？

简答题

归纳分析医学美容与生活美容的异同。

_____

美容和化妆的不同之处体现在哪里？

_____

我的美容体会：

_____

_____

任务二　走进美容院

夕瑶在老师的带领下参观了一家大型的美容美体机构。参观还没正式开始，夕瑶就被一尘不染的美容院大厅、穿着整洁划一制服的员工震撼了。这样大的一家美容院，会提供哪些护理服务？平时又是如何管理的呢？

一、美容院环境卫生

1. 室内卫生

（1）美容室独立设置，不与美发室混为一室。

（2）美容院的光线、温度、通风、卫生状况都要符合公共场所卫生管理条例的要求。室内高度应保持在2.4m以上，室内备有空调机、换气扇或抽风机等换气设备。室内温度在（22±5）℃，湿度在55%～65%，采光良好，设明暗两组灯光。

（3）美容床间距要适宜，过于拥挤会影响空气质量，每张美容床占用面积应不小于2.5m²。

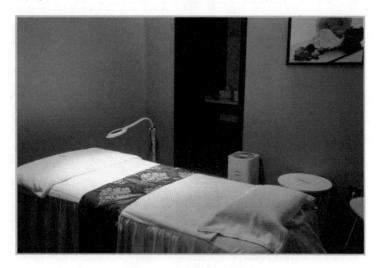

图1-2-1　美容操作室环境

（4）橱窗、玻璃、窗帘、墙壁、地板、地毯保持清洁，地板上的脏物应随时清理，室内绝不可以有老鼠、跳蚤、虱子、苍蝇等。

（5）美容院不可用来煮饭、住宿、就餐，应设专门的美容师休息室。室内严禁吸烟，如有需要应设置专门的吸烟区或吸烟室。

（6）洗手间必须保持卫生，提供冷热水、肥皂、纸巾及卫生纸，同时应设置加盖的垃圾桶。

图1-2-2　美容院前台接待区域

2. 室外卫生

（1）门前地面要干净、清洁，花卉摆放整齐。

（2）灯箱、招牌要洁净明亮。

（3）遵守城管部门的规定，美容院要搞好门前三包卫生，不堆放杂物和垃圾。

图1-2-3　美容院外部环境

二、美容院常见护理项目

● **褪　　敏**

特　　点：洁肤→软化肌肤膏→远距离冷喷→敏感性精华素→红外光或紫外光电疗→敏感性面膜→敏感性收缩水→敏感性护理霜。

效　　果：改善过敏现象。

适合人群：肌肤出现红肿、瘙痒、局部疼痛等过敏现象的人群。

适合季节：四季均可，春季最佳。

● **祛　　斑**

特　　点：有用仪器的，有用祛斑产品的；有服中药的，有服西药的，目的就是淡化色斑。

效　　果：深层淡化黑色素，淡化色斑。

适合人群：受雀斑、暗疮斑、妊娠斑、蝴蝶斑、黄褐斑困扰的人。

适合季节：四季皆宜。

● **晒后修复**

特　　点：洁面后，冷喷以消炎褪红，超声波导入专用营养美白产品，涂平衡护理乳霜抗敏消炎，敷冷膜改善缺水状况，最后抹修复营养霜。

效　　果：肌肤感觉清凉、舒服，发红、脱皮症状减退。

适合人群：长期室外工作或旅游后被晒伤者。

适合季节：夏季。

● **保湿补水**

特　　点：专业仪器，配合产品，保湿、滋润。干性肌肤重保湿滋润；油性肌肤要彻底清洁、去角质及敷面。

效　　果：滋润肌肤表层，改善肌肤微循环，预防肌肤水分蒸发，还可有效预防细纹产生。

适合人群：干性肌肤、油性肌肤的人。

适合季节：四季皆宜。

● 去红血丝

特　　点：用专业仪器和去红血丝产品，但敏感肌肤不可热蒸，一般用冷敷代替，按摩时间不宜过长。

效　　果：减轻肌肤的敏感程度，降低红血丝的现象，提高肌肤免疫力，调节肌肤功能，舒缓敏感肌肤。

适合人群：敏感性肌肤。

适合季节：四季皆宜。

● 去　　皱

特　　点：主要运用专业仪器、产品和专用手法进行面部按摩。

效　　果：减轻鱼尾纹、抬头纹、唇纹等面部皱纹，预防细纹产生。

适合人群：面部出现皱纹者。

适合季节：四季皆宜。

● 祛痘控油

特　　点：利用清洁、去角质、喷雾等，彻底张开毛孔，真空吸压或电离子导出，清理毛孔堵塞物，用专业消毒针挑痘，然后电疗杀菌、消炎，导入油性肌肤专用精华液，调节油脂分泌。另外，植物酸（BHA）换肤术治疗暗疮、痘痘效果明显。

效　　果：调节皮脂腺的分泌，补充水分，收敛毛孔，让肌肤感觉清爽，有效预防痘痘。

适合人群：油性肌肤、混合性肌肤、T字部位易出油冒痘者。

适合季节：夏季，油性肌肤长期适用。

● 精油刮痧

特　　点：中式刮痧器具（由玉石或水牛角制成）和西方香薰植物精油配合，使全身或局部经络穴位在刮痧板的刺激下循环畅通，达到活血化瘀，疏通经络，排出痧气，调整阴阳平衡，激活细胞再生修复功能，加速代谢，抗氧化促美白，行气消斑的美肤保健功效。

效　　果：加速色素分解，淡斑、消炎去痘印效果显著。改善色斑肌肤、毛孔粗大肌肤、暗黄肌肤。

适合人群：肌肤粗糙、干燥、松弛、皱纹、黑眼圈、色素沉着明显者；内分泌失调、橘皮组织聚积者。

适合季节：四季皆宜。

三、美容院7S管理

7S管理的定义

7S（整理、整顿、清扫、清洁、素养、安全、节约）管理方式，保证了公司优雅的生产和办公环境、良好的工作秩序和严明的工作纪律，同时也是提高工作效率，生产高质量、精密化产品，减少浪费，节约物料成本和时间成本的基本要求。

7S管理的内容

1. 整理：增加作业面积；物流畅通、防止误用等。

2. 整顿：工作场所整洁明了，一目了然，减少取放物品的时间，提高工作效率，保持井井有条的工作环境。

3. 清扫：使员工保持一个良好的工作情绪，并保证稳定产品的品质，最终达到企业生产零故障和零损耗。

4. 清洁：使整理、整顿和清扫工作成为一种惯例和制度，是标准化的基础，也是一个企业形成企业文化的开始。

5. 素养：通过素养让员工成为一个遵守规章制度并具有良好工作素养和习惯的人。

6. 安全：保障员工的人身安全，保证生产连续、安全、正常地进行，同时减少因安全事故而带来的经济损失。

7. 节约：就是对时间、空间、能源等方面合理利用，以发挥它们的最大效能，从而创造一个高效的、物尽其用的工作场所。

7S管理的作用

1. 亏损为零（7S为最佳的推销员）。至少在行业内被称赞为最干净、整洁的公司；良好的声誉在客户之间口口相传，忠实的顾客越来越多；知名度很高，很多人慕名来参观消费；人们争相来这家公司工作；人们都以购买这家美容院的产品为荣。

2. 不良为零（7S是品质零缺陷的护航者）。美容产品按标准要求生产；美容仪器的正确使用和保养，是确保品质的前提；美容操作环境整洁有序，异常情况一眼就可以发现。

3. 浪费为零（7S是节约能手）。7S能减少库存量，排除过剩生产，避免美容原料、美容器材库存过多；避免购置不必要的耗材、仪器；避免"寻找""等待""避让"等动作引起的浪费；消除"拿起""放下""清点""搬运"等无附加价值动作。

4. 投诉为零（7S是标准化的推动者）。美容师能正确地执行各项规章制度；去任何岗位都能立即上岗作业；谁都明白工作该怎么做，怎样才算做好了；工作方便又舒适；每天都有所改善，有所进步。

5. 缺勤率为零（7S可以创造出快乐的工作岗位）。一目了然的工作场所，没有浪费、勉强、不均衡等弊端；岗位明亮、干净，无灰尘无垃圾的工作场所让人心情愉快，不会让人厌倦和烦恼；工作已成为一种乐趣，员工不会无故缺勤旷工；7S能给人"只要大家努力，什么都能做到"的信念，让大家都亲自动手进行改善；在有活力的一流美容院工作，员工都由衷地感到自豪和骄傲。

 相关链接

7S管理的由来

　　7S管理由日本的5S管理演变而来。日本是一个资源匮乏的岛国，日本人世代以海为生，以船为家，渔船上的空间相对不足，如果什么东西都放在船上，船很快就会沉。渔民为了节约空间，会及时处理掉不用的东西。长此以往形成了独特的日本文化——整洁、有序、简单。

　　1955年，日本人首次将这种文化融入企业管理中，形成了特有的5S管理，因为整理（Seiri）、整顿（Seiton）、清扫（Seiso）、清洁（Seiketsu）、素养（Shitsuke）是日语外来词，在罗马文拼写中，第一个字母都为S，所以日本人称之为5S。近年来，随着人们对这一活动认识的不断深入，有人又添加了"安全（Safety）、节约（Save）、学习（Study）"等内容，分别称为6S、7S、8S。

 课后思考

填空题

1. 7S管理包括_____，_____，_____，_____，_____，_____，_____。

2. 美容院的常见护理项目包括：_____，_____，_____，_____，_____，_____，_____，_____。

判断题

1. 每张美容床占用面积应不小于2.5m²。　　　　　　　　　　　（　　）

2. 室内温度在（20±5）℃，湿度在45%～65%。　　　　　　　（　　）

3. 美容室可以和美发室合并使用。　　　　　　　　　　　　　（　　）

4. 在没有客人的时候，美容师可以在操作室内睡觉、吃饭。　　（　　）

5. 美容室的垃圾桶需要加盖。　　　　　　　　　　　　　　　（　　）

任务三　认识美容业

夕瑶对美容有了初步了解后，也渐渐发现美容不是简单意义上的打扮，她想听一下美容行业发展过程中，发生了哪些有趣的故事。

一、回忆美容业的昨天

1. 走进中国美容业

翻开中华民族的5000年历史，可以发现人们对美的追求一直没有停止过。诗经中写道："关关雎鸠，在河之洲。窈窕淑女，君子好逑。"李白《清平调》中写道："云想衣裳花想容，春风拂槛露华浓。"这些优美的诗句都无一例外地反映了人类爱美、欣赏美、追求美的美好心愿。

图1-3-1　汉代铜镜

- **朝　　代** 汉代

- **重大突破** 妇女纷纷以白米粉敷面，铜镜也登上了历史舞台。美容工具的不断完善，说明美容也在不断普及中。

图1-3-2　仕女图

- **朝　　代** 唐代

- **重大突破** 唐代孙思邈所著的《千金方》中记载了治疗面疮、雀斑、护理皮肤的美容方80余个。

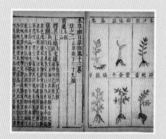

图1-3-3　明代《本草纲目》

- **朝　　代**　明代

- **重大突破**　李时珍的《本草纲目》是对美容中药的一次全面总结。此外，李时珍的又一大进步是认为美容不仅仅是祛斑润泽，从局部起作用，还更应重视从整体出发，内外合治，强调应重视中医的脏腑气血理论，通过补肺、宁心、补肝、益肾，理气活血，疏通脏腑，从而达到美容的目的。

图1-3-4　民国美容形象

- **时　　代**　晚清至1949年

- **重大突破**　晚清由于受鸦片战争影响，美容发展有所停滞，但也因此引入了先进的西方科技。这个时期诞生了很多经典国产化妆品品牌，如孔凤春、百雀羚等。

　　纵观中华美容史，上自达官贵人，下至平民百姓，对皮肤健康、容颜美丽的追求从未停止过，对美容技巧的探索也从未间断过。

　　改革开放以来，随着我国国民经济的飞速发展和人民生活水平的不断提高，人们的美容观念也在不断提升中。由于我国人口众多，形成了一个巨大的美容市场，各大城市的美容院和美容美发培训机构如雨后春笋般建立起来。1993年，劳动部、国内贸易部颁发了针对美容行业人员的《职业鉴定规范》，首次使这个行业有了国家级的标准，这无疑给我国源远流长的美容业注入了新的生机和活力。

 知识链接

庞三娘的故事

《教坊记》补录中有这么一则故事：庞三娘擅长歌舞，经常为人表演。同时，她擅长装扮，年纪大了，脸上有了皱纹，便贴上轻纱，再将云母和粉蜜涂在脸上，显得非常年轻。有一次，汴州举行大型歌舞会，请她去表演。使者上门正碰上她没化妆，竟把她认作了老太婆，还问她："庞三娘在哪里？"庞三娘便骗他说："庞三娘是我的外甥女，今天不在家，你明天再来，把请柬留下吧。"第二天使者又登门造访，庞三娘化了盛妆，来人果然不识，还对她说："昨天已经见过娘子您的阿姨。"因此，她被坊间称为"卖假脸贼"。

2. 走进外国美容业

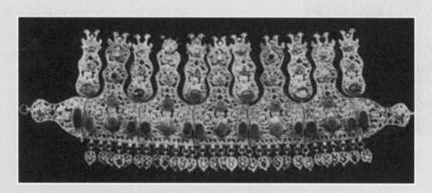

图1-3-5 古罗马的梳子

● **年代或地区** 古罗马

● **重大突破** 公元前1世纪，古罗马出版了世界上最早的化妆著作《美的技巧》。书中详细记载了各种美容化妆用品的制作和使用方法，并首次将"化妆"和"美容"区别开来。但是美容是依附于医学之下的，没有形成独立的学科。

图1-3-6 蒙娜丽莎

- **年代或地区** 文艺复兴时期

- **重大突破** 文艺复兴时期，美容业得到了长足的发展。美容业也正式从医药系统中分离出来，形成了独立的行业。我们现在可以从文艺复兴时期的绘画作品中看到，当时的女性眼部和唇部没有浓重的色彩，追求苍白的肤色，可以将发际线拔高，露出宽阔的额头，显得温柔、恭敬、慈爱。达·芬奇的作品《蒙娜丽莎》描绘的就是典型的文艺复兴时期的妇女形象。

图1-3-7 现代护肤

- **年代或地区** 19世纪至今

- **重大突破** 有机化学的发展，为美容化妆品工业的发展提供了更丰富的原料。从一味追求美白，到注重皮肤根本的健康，从放松按摩到身体的全面护理，人们对美容有了更全面、更深入的认识。科技的发展也掀起了一场美容的"革命"，仪器美容成了市场的新宠。

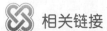 相关链接

    英国考古学家们对在伦敦出土的古罗马时期名媛用的美容面霜进行研究，结果让他们大吃一惊，古罗马时期的美容面霜成分与功效堪比兰蔻、水芝澳、玉兰油等现代名牌化妆品。其主要成分是动物脂肪、淀粉和氧化锡。就这点来看，它们与现代的滋养霜成分惊人得一致。

    为了体验古罗马时期美容面霜的功效，按照相同配方，研究人员重新制作了现代版"古罗马美容面霜"，结果成功合成了相似的白色膏体。把美容面霜抹擦在肌肤上时，可以感觉到膏体质地细腻柔和，油腻感很快消失，取而代之的是由淀粉带来的平滑干爽感，较短时间内，膏体就能被皮肤吸收。

二、了解美容业的今天

夕瑶听这些美容历史入了迷，她联想到了童年时期，自己总是喜欢偷偷用妈妈的雪花膏，但是现在妈妈的梳妆台上已经品种繁多。那现在的美容和十多年前又有什么区别呢？

人们追求美的脚步从未停止，19世纪80年代，欧洲出现了现代美容院，同时期，化妆品工业蓬勃发展，化妆品迅速普及。20世纪80年代，美容业正式进军我国，最早由我国香港传入，在沿海地区传播开来，当时的美容业依附于美发行业，人们对皮肤护理的概念不强，走进美容院所要求的服务只是简单的盘发、化妆等常规项目。自我保养也只是依靠面霜进行基本的保湿护理，当时美容从业人员较少，营业规模也较小，还没有出现具有品牌效应的大型企业，消费者也很少问津，大多数人只在结婚等大型场合才会去美容院进行造型设计。

进入21世纪，中医养生、芳香疗法、美容仪器纷纷加入美容大家庭。随着改革开放的深入，人们对美容的要求也越来越高，不再拘泥于简单的皮肤护理。美容院陆续开展了SPA、减肥、文眉、调理亚健康等服务项目，服务方式也从皮肤护理向咨询、化妆品销售和形象设计顾问这些方面转变。

图1-3-8　用皮肤检测仪器为顾客提供服务

图1-3-9　为顾客普及美容知识

三、展望美容的明天

美容就和我们在座的同学们一样，走过了懵懂的童年和少年时期，正在向风华正茂、生气勃勃的青年时期转变。美容的未来又有哪些趋势呢?

1. 规模和消费群体不断扩大，越来越多的人会接受美容并成为美容的消费者，美容院也会摆脱管理不完善、服务不精致的形象，成长为具有品牌效应的大型企业，美容将走入寻常百姓家，成为人们日常生活的一部分。

2. 美容项目逐渐细化，以便满足消费者的不同需求，美容技术的更新换代更加迅速。

3. 高科技手段将给美容业带来巨大的变革，比如激光祛斑、点痣、计算机帮助录入客户的皮肤管理信息和消费资料。美容业的科技含量会得到大幅度的提高。

4. 美容在自我发展的同时，和化妆、美发、医疗美容等学科一样会继续交叉融合，创造出更具有科学性和实用性的新形式。

5. 科技的发展，要求美容师具有更强的学习能力和更高的自我素养，未来的美容师必须具备全面扎实的文化知识，包括美学、心理学、人体解剖学、美容院相关法律法规等。

🔧 **拓展课业**

上网查找一个我国古代的美容方子。

选取一个国家或地区（中国、罗马、埃及、希腊等），将其美容发展历程做成课件，在课堂上展示给大家看。

🔺 **课后思考**

填空题

1. 我国最早使用中草药进行美容护理是在＿＿＿＿＿年前。

2. 首先提出美容不应只作用于外表，而应该以内养外的我国著名医药学家是＿＿＿＿＿。

3. 我国针对美容行业人员的《职业鉴定规范》颁布于＿＿＿＿＿，是由＿＿＿＿＿＿＿颁布的。

4. 首次将"美容"与"化妆"区别开来的著作是＿＿＿＿＿。

5. 美容成为一门独立的学科是在＿＿＿＿＿时期。

想一想

1. 我所就读的专业是＿＿＿＿＿。

2. 我走访的企业资料

企业全称	创办时间	企业规模	行业地位	门店地址

3. 我了解到的从业人员岗位

岗位名称	工作内容	工作流程	技能要求	所需素养	晋升条件

4. 我的职业理想

走访前	走访后	变化的原因

5. 职业理想的实现需要我们目标明确、脚踏实地。通过此次走访，你对职业生涯规划有何感悟？请写下你的感想，不少于300字。

_____

_____

_____

_____

_____

_____

_____

_____

_____

6. 结合当今美容行业发展的趋势，论述作为美容业从业人员应具备哪些素养。

我的美容心得：

_____

_____

_____

_____

 项目总结

　　本项目分别诠释了美容和美容业的基本概念，讲述了美容发展过程中的小故事，并对当前美容业分类、美容院管理进行了初步介绍；有助于同学们从历史的角度认识美容，用现代眼光看待美容和美容业的发展；相信同学们学习本项目后，对所学的专业有进一步了解和更清晰的认识，对之后的学习大有裨益。

 项目反思

日期：　　　年　月　日

项目二

体验美容

情境
导入

这个礼拜，老师带领夕瑶和同学们参观了两个和学校合作的美容企业，有一家美容院给夕瑶留下了深刻印象。店内采用中式装修，显得古色古香，每个房间都弥漫着药香。老师介绍说，这是一家以中医理论为指导的美容美体机构。那么，中医美容的特别之处又在哪里呢?

着手的任务是

我们的目标是

• 掌握中医美容的特点和作用
• 掌握芳香疗法的特点和作用
• 掌握美容仪器的作用

• 了解中医美容
• 了解芳香疗法
• 了解美容仪器的类别

任务实施中

任务一　体验中医美容

在我国的传统文化里，身体的健康和外表的美丽是紧密联系在一起的，所以才有"以内养外"的美容主张。

中医美容注重整体，将容颜与脏腑、经络、气血紧密连接，中药内服、外敷、针灸、推拿、气功及食疗等手段均体现出动中求美的观点，并且简便易行、安全可靠，作用广泛而持久。

一、中医美容

体验中药美容

体验刮痧美容

图2-1-1　中药美容

● 操作示范　图2-1-1 中药美容

● 操作说明　运用中药配制的粉、膏、液、糊等外用美容制剂，根据需要内服、外敷，并加以按摩，以滋补脏腑气血、活血通络、软坚散结、退疹祛斑，达到祛斑除皱、养颜驻容、延缓肌肤老化的美容功效。

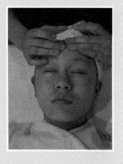

图2-1-2　按摩美容

● 操作示范　图2-1-2 按摩美容

● 操作说明　在中医理论指导下，根据美容需要，进行面部某些穴位的按摩，以疏通经络气血、调节肌肤气血平衡，达到祛斑、润肤、防皱等美容效果。

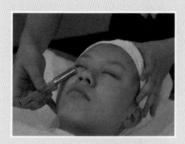

● 操作示范　图2-1-3　灸治美容

● 操作说明　根据中医辨证论治理论，用点燃的特制艾条，在特定的穴位上熏烤，借温热刺激穴位，通过经络腧穴，行气活血、滋润肌肤，达到养颜的目的。

图2-1-3　灸治美容

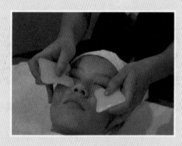

● 操作示范　图2-1-4　刮痧美容

● 操作说明　根据面部结构，沿着特定穴位，进行面部经络穴位刮试而血脉畅通，促进代谢废物排出，达到排毒养颜、活血除疮、行气消斑的效果。但是不宜追求"痧斑"，影响面部美观。

图2-1-4　刮痧美容

二、中医美体

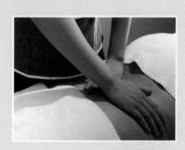

● 操作示范　图2-1-5　按摩减肥

● 操作说明　通过按摩促动脂肪，使它经常处于柔软而且容易燃烧的状态。例如，平常缺乏运动而积存在腰间的脂肪，反复进行按摩促动，可以达到非常明显的效果。

图2-1-5　按摩减肥

图2-1-6 拔罐减肥

● **操作示范** 图2-1-6 拔罐减肥

● **操作说明** 通过拔罐时强大的吸拔力使汗毛孔充分张开，汗腺和皮脂腺功能受到刺激而加强，皮肤表层衰老细胞脱落，从而使体内毒素、废物加速排出，适用于体形欠佳、腰臀臃肿、其他减肥方法无效的人群。

重点突破

中医美容的特点

中医美容的历史可追溯到两千年前，被无数人反复利用筛选而日趋完善。中医美容附属于中医药学，随着中医药学的发展而发展，有着深厚的理论基础，这些是其他国家的美容技术不可比拟的。所有的方法都属于自然疗法，只要操作得当，不会对人产生副作用，避免了化学产品对人体的伤害。

中医美容学认为，美是由内而外散发出来的，只有身体健康，皮肤才会红润细腻，所以一切的中医美容疗法都是以内养外，在护理皮肤的同时也在调理亚健康。

当今社会，人们生活压力巨大，饮食不规律，缺乏运动，这些都是造成亚健康的主要原因，中医美容正发挥着它极大的潜能。因此，深入学习、钻研祖国医学宝库中有关美容的瑰宝，更具有重要现实意义。

相关链接

中医美容配方

1. 白芷鲜奶面膜

材料：白芷粉末2小勺，鲜奶2小勺，搅拌均匀。

方法：敷于脸上，15分钟后用温水洗净。

功效：美白滋润。

2. 苦瓜除粉刺方

苦瓜洗净挤汁加冰糖适量饮用。外用苦瓜汁擦患处。坚持使用数日后方能见效。

3. 绿豆面膜

材料：白芷、珍珠粉、甘草磨成粉后混合绿豆粉、蜂蜜、牛奶和蛋清。

方法：敷面30分钟后洗去，每周1~2次。

功效：消炎止痘，美白肌肤。

4. 芦荟薄荷油晒后修复面膜

材料：芦荟汁、薄荷油、甘菊花、纯净水。

方法：用芦荟汁和干燥的甘菊花以3∶1的比例加水用小火加热，待甘菊花散开，关火冷却，然后加入薄荷油，搅拌均匀倒入容器内密封冷藏。直接涂敷在脸上，30分钟后用清水洗净。

功效：此面膜对修复晒后肌肤有很好的功效。芦荟中富含维生素E，而这种成分恰恰是表皮细胞所需的营养素，它可以及时修复晒后受损的肌肤。

5. 茯苓面膜

材料：茯苓粉一小勺，黄芩粉一小勺，混合后加热水搅拌均匀。

方法：待凉后，敷于全脸，15分钟后再用温水洗净。

功效：抗过敏，净化皮肤。

6. 珍珠红酒面膜

材料：适量珍珠粉，面粉，蜂蜜一大勺，加一大勺红葡萄酒，用筷子搅拌直至成糊状。

方法：洁面后，均匀地涂于脸上，避开眼睛和嘴巴，20分钟后用温水洗净。

功效：防止黑色素沉着，促进皮肤微循环，使皮肤白里透红。

课后思考

判断题

1. 中医美容历史悠久，理论基础扎实。　　　　　　　　　　　（　）

2. 按摩减肥会使脂肪变硬，从而变成肌肉。　　　　　　　　（　）

选择题

1. 以下哪种美容方法排毒效果最好？　　　　　　　　　　　（　）

A. 中药美容　　　B. 刮痧美容　　　C. 灸治美容　　　D. 按摩美容

试一试

店里来了位新客人，刚结束哺乳期，表示自己有产后身材走样、肤色黯淡、面部有斑点等困扰，如果你是她的美容师，请为她制订一个行之有效的护理方案。

 拓展课业

　　结合本书关于中国古代美容的内容，对中医美容做一个完整的阐述，并且做成课件展示给同学们。

　　我的美容心得：

_____

_____

_____

_____

任务二　体验芳香疗法

　　盛夏时节，骄阳似火。在下午的美容课上，夕瑶突然感觉头昏眼花，浑身乏力。老师见状马上拿出一个棕色小瓶，将里面的液体滴在毛巾上放在夕瑶鼻子底下，顿时一股沁人心脾的清香袭来，刚才头疼乏力的感觉也一扫而光。夕瑶休息后问老师原因，老师说她只是体验了一次最基本的芳香疗法。

东南亚国家的芳香疗法

　　芳香疗法的英文是"Aromatherapy"，是将代表"香味，芬芳"的单词"aroma"与代表"疗法，治疗"意思的"therapy"两者结合而成的词汇。

　　其基本概念就是人们从大自然中的各种芳香植物的不同部位中提炼出有不同气味和颜色的精油，如桉树的叶、玫瑰的花、佛手柑的果皮等，美容师利用大自然的"芳香"所蕴含的力量，维护人们的身心健康。

为什么芳香疗法盛行于东南亚地区？

　　东南亚地区北邻中国，西临孟加拉湾，东邻太平洋，南临印度洋。那里终年高温多雨，植物生长茂盛，这是芳香疗法诞生的前提条件。在初中生物课本里我们了解了"光合作用"，植物通过光合作用把阳光转化成糖和有机物，并以此繁衍生息，有机物里就包含着我们所说的芳香物质，它们沁人心脾又易于挥发，被广泛应用到了美容、美体、SPA和日常保健中。

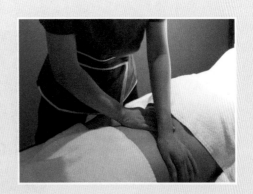

● 操作示范   图2-2-1 按摩法   图2-2-1 按摩法

● 操作说明   适用症状：脸部护理、全身按摩、肌肉紧张、肩膀僵硬、减
　　　　　　肥健胸、经痛、腹痛、便秘、抽筋等。

● 用　　法   根据客人的体质和需求调配精油，用温热的手心进行按摩。
　　　　　　我们比较熟悉的美容服务"精油开背"就是典型的按摩法。
　　　　　　按摩法是使用最广泛的精油使用法。

图2-2-2 沐浴法

● 操作示范   图2-2-2 沐浴法

● 操作说明   适用症状：提高新陈代
　　　　　　谢、解除疲劳、风湿关
　　　　　　节痛、焦虑和沮丧、精
　　　　　　神紧张等。搭配含有瘦
　　　　　　身效果的精油还有减肥
　　　　　　塑形的作用。

● 用　　法   将精油5~8滴加入装有温
　　　　　　水的浴盆中，搅匀后即
　　　　　　可用来泡澡。

● 注意事项   泡澡时间在15~20分钟内
　　　　　　最佳，超过20分钟容易
　　　　　　引发疲劳、心悸等不良
　　　　　　反应。

图2-2-3　熏蒸法

- **操作示范**　图2-2-3 熏蒸法

- **操作说明**　使用香熏灯和香熏蜡烛完成。

- **适用症状**　可安抚情绪、改善精神状况、治疗失眠、增加记忆、净化空气质量、消毒、避免呼吸道感染、预防感冒等。

- **操作示范**　图2-2-4 嗅吸法

- **操作说明**　适用症状：改善呼吸系统问题、鼻塞、气喘、头晕、反胃等。

- **建议用法**　将2~3滴精油滴在手帕上，直接吸嗅即可。

图2-2-4　嗅吸法

重点突破

精油是如何作用于人体的?

精油的有效成分可以借由两种方式进入人体,一种是由鼻腔吸入,向大脑传递令人愉悦的芳香信息,进而引起大脑一系列的反应,调整人体状况,例如前文所提到的嗅吸法;另一种是被皮肤直接吸收,从毛细血管进入血液,对人体产生直接的影响,促进身体的内循环,提高之后进行的护理效果,这就是为什么大部分美容院的护理都要先进行精油开背,让客人身心放松,更好地吸收美容产品里的有效成分。沐浴法的原理亦然,热水会让我们紧绷一天的神经放松下来,水里的精油会增强彼此的作用。

相关链接

芳香疗法是1937年由一位法国化学家发明的。在偶然的机会里他发现欧薄荷或薰衣草(Lavender)的油有特殊的治疗力量。

有一次在自己家的实验室他不小心烫伤了手,惊慌之下立刻从身边的瓶子里倒出欧薄荷油涂在手上,他的手很快痊愈并且没有留下伤疤。他认为这是因为欧薄荷油的奇特效果。

此经历引起了他的兴趣,并开始研究一些"香精油"的治疗效果。这些油来自天然材料而且纯度很高,是蒸馏植物的花制成的。他称这个新的方法为"芳香疗法"。

 课后思考

填空题

1. 精油作用于人体的两大途径分别是＿＿＿＿＿＿和＿＿＿＿＿＿。

2. 精油的使用方法有＿＿＿＿, ＿＿＿＿, ＿＿＿＿, ＿＿＿＿。

选择题

3. 以下芳香疗法完全没有减肥塑身作用的是（ ）。

A. 沐浴法　　　B. 嗅吸法　　　C. 按摩法

4. 以下哪种芳香疗法应用最广泛? （ ）。

A. 按摩法　　　B. 嗅吸法　　　C. 沐浴法

5. 泡澡时间应控制在（ ）。

A. 10~15分钟　　B. 15~20分钟　　C. 20~25分钟

任务三　体验仪器美容

　　夕瑶在参观美容院时观摩了一次完整的美容护理流程，精油开背、面部指压这些都是夕瑶已经熟知的。但是让她觉得新奇的是，当护理快接近尾声时，美容师推来了一个机器为客人进行护理。老师介绍说这是专用的美容仪器，缺少它，之前的护理都会效果减半，是什么仪器会这么神奇呢？

欧美美容院里的仪器美容

　　随着科技的进步，越来越多的高科技仪器也加入了美容的大家庭，这些美容仪器和传统的手工美容相比，具有起效快、疗效好等优势，减肥丰胸、产品导入、除皱祛斑这些美容项目都十分依赖这些美容仪器。

仪器美容为什么流行于欧美国家？

　　欧美国家的主要人种为白种人，白种人皮肤较薄，容易被紫外线晒伤，也容易出现皱纹和皮肤松弛等状况，是所有人种中最禁不起岁月侵蚀的一种，因此他们的美容诉求主要体现在抗老化这方面，而最适合他们的就是仪器美容。

● 操作示范　图2-3-1　超声波美容

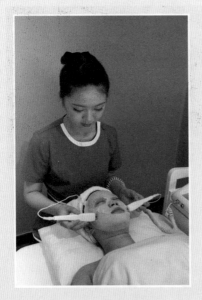

● 操作说明　超声波是指频率超过2万赫兹以上的机械振动波，该振动波具有机械作用、温热作用和化学作用。超声波美容仪具有智能营养导入/清洁导出功能，可以清洁毛孔、洁面排毒、营养导入、美白淡斑、紧致去皱、瘦身瘦面。

图2-3-1　超声波美容

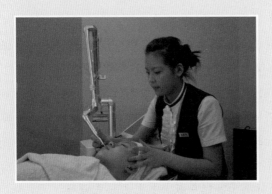

图2-3-2　激光美容

● 操作示范　图2-3-2　激光美容

● 操作说明　激光美容是近几年兴起的一种新的美容法。此法可以消除面部皱纹，用适量的激光照射使皮肤变得细嫩、光滑。如治疗痤疮、黑痣、老年斑等。由于激光美容无痛苦且安全可靠，受到人们欢迎。

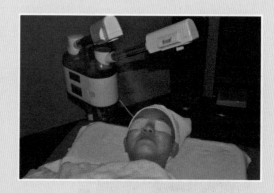

图2-3-3 蒸汽美容

- 操作示范　图2-3-3 蒸汽美容

- 操作说明　蒸汽美容是以较高的蒸汽与温、湿度刺激面部，使汗毛孔张开，加快血液循环，消除污垢，消减黑斑与皱纹，使面部红润细腻、洁白光滑、健康饱满。

重点突破

无医学背景的美容师可以使用仪器为顾客服务吗？《人力资源社会保障部对十三届全国人大二次会议第3642号建议的答复》中指出：

美容行业执业范围涵盖广，按照专业技术要求高低不同，美容行业分为生活美容和医疗美容两个领域。现行的《中华人民共和国职业分类大典（2015年版）》中涉及美容行业的职业有美容师、耳鼻咽喉科医师、中医眼科医师等，其中美容师被列入2017年9月颁布的国家职业资格目录中，修订后的《美容师国家职业技能标准（2018年版）》也已正式颁布。

在日常管理过程中，生活美容和医疗美容两个领域之间的界限比较清晰，医疗美容实行严格的人员准入，生活美容最大限度地放开，这种管理模式比较适合目前的实际情况。主要原因：一是在生活美容机构中使用的普通光电美容仪器，属于日常电子仪器，且在普通光电美容仪器出厂说明中已经标明为非医疗器械，操作简单易行，安全系数高，普通家庭或个人均可使用，无需从业人员取得从业资格；二是国外暂时没有光电生活美容仪器操作人员准入先例，如开展光电生活美容仪器操作者等人员从业资格认证，将有大量非医务人员获得使用激光类医疗器械的资格；三是按照国务院推进"放管服"改革精神和要求，国家正在逐步清理减少相关从业资格证书，光电仪器美容师、激光美容师、皮肤护理师都属于现行的"美容师"职业范畴，不宜再新增同类从业资格证书。

 相关链接

美容仪器操作要求

1. 操作人员不可指甲过长或胡乱按键，因许多仪器面板采用软性按键，材质较脆，使用不当容易导致破裂。

2. 操作人员要严格注意仪器与配件接口的上下之分，往往因为随手插来插去，而造成接触口损坏。

3. 操作完后一定要关掉电源，否则仪器干烧，直接导致仪器使用寿命缩短。

美容仪器的操作禁用人群

1. 怀孕妇女。

2. 日常工作时不可避免强（日）光暴晒人群。

3. 对光过敏及药物过敏者及对强光光源过敏人群。

4. 皮肤敏感，极易感染过敏者。

5. 癫痫病患者及疤痕体质人群。

6. 顾客的上眼皮及带有开放性伤口的部位。

 课后思考

填空题

1. 超声波仪器的作用是_____，_____，_____，_____。

2. 蒸汽美容仪器的作用是_____，_____。

3. 祛斑是_____仪器的主要功能。

探索实践

分别为以下三位顾客制订美容方案。

A. 顾客年龄60岁左右，面部有皱纹和斑点，希望美容后能让自己看起来更年轻、更有精神。

B. 顾客年龄50岁左右，身材较臃肿，气色不佳，时常感觉疲劳，希望美容后能摆脱亚健康。

C. 顾客年龄30岁左右，工作压力较大，时常感到紧张焦虑，伴有严重的失眠，希望能在美容院放松身心。

 项目总结

　　本项目为同学们初步介绍了现阶段在美容院常用的美容方法及其作用，对中医美容法、芳香疗法的原理进行了重点诠释，同时还介绍了美容师在仪器使用时应遵循的工作常规。随着社会的进步和行业的发展，会出现更多的美容方法让我们学习，希望同学们活学活用，最终能为每一位顾客实施最适合的美容美体方法。

 项目反思

日期：　　年　月　日

项目三

欣赏美容

"巧妇难为无米之炊。"再高超的美容技法也是要配合产品一起发挥作用的。夕瑶深知这一点，所以对美容教室里的瓶瓶罐罐产生了很大的兴趣。今天，我们就来讲一下这些美容产品和它们背后的故事。

我们的目标是

着手的任务是

- 掌握辨别美容产品的简易方法
- 能讲述品牌背后的故事
- 能讲述美容界名人的励志故事，从中汲取正能量

- 了解化妆品的分类和特点
- 了解合格美容产品的准则
- 初步了解世界知名品牌及其明星产品
- 认识美容界的主要名人

任务实施中

任务一　认识美容产品

　　下周夕瑶就要上化妆实操课了，但是有一个困难摆在了她面前，老师开出了长长的一张化妆品工具清单。夕瑶走进商场，发现柜台上既有洗面奶这些日常用品，又有香水这样的奢侈品，有些品牌还打出了"精油护肤"的广告，面对品种众多的化妆品，我们该如何选择呢?

　　化妆品是一个总称，是指用喷洒、涂抹等方式作用于人体表面，具有清洁、美化、修饰、保养等功能的化学产品。从专业角度分析，化妆品又可分为彩妆类和护肤类。彩妆品指的是粉底、眼影、睫毛膏一类具有面部修饰功能的化妆品，而护肤品指的是洗面奶、化妆水、面霜等美化保养皮肤的化妆品。本书阐述的化妆品是指护肤品。

一、美容的基础——护肤品

● **产　品**　图3-1-1　清洁类护肤品

● **说　明**　清洁类护肤品就是前文让夕瑶无比困扰的化妆品。市面上的清洁类产品很多，但是它们的根本作用都只是单纯地洗净皮肤，防止毛孔内污垢堆积。因此，清洁力度的强弱是衡量清洁类护肤品的首要标准。市场上清洁力度从强到弱的排位是泡沫型洗面奶 > 洗面皂 > 乳液型洗面奶。

图3-1-1　清洁类护肤品

● **注意事项**　干性和敏感性皮肤不宜选用清洁力度太强的洁面产品，以免带走皮肤应有的水分，越洗越干。

美容基础

● 产　品　图3-1-2　滋润类护
　　　　　　肤品

图3-1-2　滋润类护肤品

● 说　明　滋润类护肤品包括
　　　爽肤水、化妆水、柔肤水、乳液、乳霜等，作用是打开毛孔，美
　　　白补水，为后续的保养工作做准备。它的使用顺序在清洁类产品
　　　之后，涂抹滋润类产品的顺序为"先水、中乳、后油"，先用化
　　　妆水打开毛孔，再用乳液为皮肤输送养料，最后再用油状的乳霜
　　　锁住水分。不论是自我皮肤护理还是给客人做护理，都要注意这
　　　个原则，这样才能发挥护肤品的最大功效。

图3-1-3　功能类护肤品

● 产　品　图3-1-3　功能类护肤品

● 说　明　功能类护肤品针对的是已经发生问题的皮肤，如衰老皮肤、痤疮
　　　皮肤、缺水皮肤、过敏皮肤等，因此它的成分更复杂，品种更繁
　　　多，以下为问题皮肤相对应的功能类化妆品。

　　　衰老皮肤——精华素、眼霜、颈霜、抗皱霜

　　　痤疮皮肤——含有水杨酸的产品

　　　缺水皮肤——去角质素、精华素、面膜

　　　过敏皮肤——纯植物配方的产品

 重点突破

不同肤质的人如何选择护肤品

中性皮肤

按照基础保养护理,调整并选择配合季节和环境变化的化妆品。偏油的时候选择清爽一点的护肤品。偏干的时候选择补水、保湿的护肤品。

油性皮肤

应选择油分少的护肤品,并着重去角质护理,避免老旧角质细胞堵塞毛孔,引发问题。

干性皮肤

应在清洁后迅速使用滋润度高的护肤品补充水分,并且使用油分多的护肤品补充不足的油脂。

混合性皮肤

依照不同部位的不同需求来护理,可选择滋润的护肤品为干燥的两颊补水,较油的鼻梁和额头则使用油分较少的护肤品。

相关链接

常见问题解答

问:柔肤水、润肤水、爽肤水有什么不同?

答:以上三种护肤品只是成分略有不同,比如爽肤水可能有一些清洁功能,所以商家会添加一些酒精,但是作用是一样的,统称为化妆水。

问:化妆水由哪些成分构成?

答:化妆水85%是精制的水,一般保湿类化妆水中加了保湿剂,少量的香精、酒精、表面活性剂等。去角质类化妆水(爽肤水)中可能会含有水杨酸或果酸,强调收缩毛孔功能的化妆水可能含有酒精等收敛剂,起到清洁控油、消炎杀菌的作用。

问:化妆水中的酒精、香精对皮肤有害吗?

答:酒精和香精是常用的化妆品添加剂。如果产品外包装上表明有酒精成分,但是闻不到刺鼻的味道,说明酒精浓度在安全范围内,不用担心。反之,若涂抹在脸上皮肤有刺激感,说明酒精浓度过高,一般干性皮肤的人不建议使用酒精浓度高的化妆水。香精容易引起过敏,敏感肌的人建议不要尝试。

化妆水的用途 {
1. 单纯补水：洁面后轻拍至吸收。
2. 二次清洁：用化妆棉蘸取后顺着肌肤纹路，擦去残留的油脂和灰尘。
3. 纸膜敷面：选择保湿型化妆水浸湿纸膜，敷于面部5～15分钟，可以替代面膜。

化妆品的保养准则

化妆品需远离浴室

浴室的空气湿度往往都很高，高湿度的环境不利于化妆品的安全，在盛夏季节，甚至容易出现受潮、发霉、出水的现象。

超过保质期的化妆品应立即扔掉，尤其是美容院，千万不要因为贪小便宜而损害顾客的健康。

 课后思考

填空题

1. 护肤品可分为_____，_____，_____。
2. 使用护肤品的正确顺序为_____，_____，_____，
_____。

选择题

1. 以下清洁类护肤品清洁力度最强的是（　　）。

A. 洗面皂　　　　B. 乳液型洗面奶　　　　C. 泡沫型洗面奶

2. 以下哪种成分适用于痘痘皮肤？（　　）。

A. 水杨酸　　　　B. 油石酯　　　　C. 酒精

试一试

对家里的护肤品做一个分类，将清洁类产品、滋润类产品、功能类产品分门别类地摆放好，并且存放在适宜的位置。

我的美容心得：

_____

_____

_____

二、大自然的礼物——精油

在前一个项目"体验美容"中，我们已经从旁观者的角度了解了芳香疗法，但如果没有各种神奇的精油，芳香疗法也是不可行的。下面我们就来学习一下关于精油的基础知识。

精油是从植物的花、叶、茎、根或果实中，通过蒸馏法、挤压法、冷浸法或溶剂提取法提炼萃取的挥发性芳香物质，有"西方的中药"之称。

精油分为单方精油和复方精油，单方精油是从具有香气的部位提取的单一植物的精华，不是任何植物都可以萃取的，必须是具有药疗性的植物。

复方精油是由两种及以上的单方精油与基础油按照一定比例混合调配出来的，犹如药房中直接配好的成品，可直接涂抹于皮肤上。

以下为美容院必备的三种精油。

图3-1-4　玫瑰精油

● **产　品**　图3-1-4　玫瑰精油

● **说　明**　具有滋润保湿美白的作用，能淡化斑点，促进黑色素分解，并且有提升睡眠质量的功效，是最昂贵的精油之一，适用于干性及敏感皮肤。

图3-1-5　薰衣草精油

● **产　品**　图3-1-5　薰衣草精油

● **说　明**　有效舒缓肌肤过敏、晒伤等现象，并能帮助愈合疤痕、放松精神，带来宁静的感受，适用于各种肌肤。它是公认的"百搭精油"，可以和很多精油混合在一起使用。

- 产　品　图3-1-6 洋甘菊精油

- 说　明　具有修护作用，帮助改善湿疹、面疱及一般的过敏现象。平复破裂的微血管，增进弹性，适用于中干性皮肤。

图3-1-6 洋甘菊精油

 重点突破

如何为客人选择适合的精油

1. 以肤质选择基础油

油性肌肤：甜杏仁油、杏桃仁油、荷荷巴油、葡萄籽油

干性肌肤：酪梨油、小麦胚芽油、橄榄油

敏感肌肤：甜杏仁油、葡萄籽油

老化肌肤：小麦胚芽油、橄榄油

皱纹肌肤：酪梨油

青春痘肌肤：荷荷巴油

2. 以使用范围选择

身体：甜杏仁油、杏桃仁油、葡萄籽油

脸部：甜杏仁油、杏桃仁油、荷荷巴油

局部：小麦胚芽油、酪梨油

调配原则

（1）准备4~5支滴管进行调配，不同精油用不同滴管。

（2）一次调配用量以够用为准，不宜多调，以免浪费珍贵的精油。

（3）每次单方精油的种类不宜超过3种。

（4）必须选择纯正的基础油稀释，勿与其他已制成的按摩油混合调配，以免精油遭到破坏或混浊。

（5）调配前需询问顾客身体状况，如是否怀孕，是否患有心脏病、气喘、血压异常等。孕妇不能使用精油，易造成流产。

（6）注意精油禁忌，并遵守安全比例调配。

（7）要在空气流通的房间里调配混合，以避免精油的纯度受影响。

（8）器皿要非常干净且干燥，不能有任何杂质或水分。

（9）盛载精油的容器需选用深色玻璃、不锈钢及陶瓷等不被腐蚀的材质，避免使用塑料容器，因为精油会把塑料溶解并混合在油中。

（10）调配好的精油必须及时塞上瓶盖，避免精油被氧化，或被空气中的尘粒掺入，影响精油的品质。

（11）调配好的精油必须保存良好，避免阳光的照射，远离高温和火源。

使用剂量

人体每10千克体重每天精油最大摄入量是一滴。假设此人体重65千克，那他每天最多只能摄入6~7滴。

使用方法	建议用量	混合物
身体按摩	5~6滴	混合10毫升基础油
面部按摩	3~5滴	混合10毫升基础油
黏土面膜或海藻面膜	3~5滴	与面糊一起使用
香薰	5~6滴	滴入半升水中
沐浴	25滴	滴入250毫升水扩散剂中
洗发	15滴	加入100毫升洗发水中

相关链接

简易精油使用方法

方法一　泡脚

在盆中加入热水（水温约为40℃）约至脚踝高度，滴入玫瑰精油1滴或50~100mL玫瑰原液（香水），将脚浸泡水中。

方法二　皮肤保养

每天早上洗脸时，把1滴玫瑰精油滴于温水中，用毛巾按敷脸部皮肤，可延缓衰老，保持皮肤健康有光泽。

方法三　助眠

将2滴薰衣草精油滴于枕边，或将4滴薰衣草精油用于香薰，可治疗失眠。

方法四　止痒

有瘙痒症状时，立刻清洗患处，然后搽上纯质的薰衣草精油、尤加利精油或者洋甘菊精油，通常在几小时内就可以缓解不适。

方法五　中暑

以纯精油涂抹于背部，或以90％薰衣草+10％欧薄荷的高浓度精油，涂抹于肩膀、脖颈和背部。

 课后思考

填空题

1. 精油可分为＿＿＿＿＿＿＿＿和＿＿＿＿＿＿＿＿＿。

2. 玫瑰精油的作用是＿＿＿＿＿＿＿，＿＿＿＿＿＿，适用于＿＿＿＿皮肤。

3. 薰衣草精油的作用是＿＿＿＿＿＿，＿＿＿＿＿，适用于＿＿＿＿皮肤。

4. 洋甘菊精油的作用是＿＿＿＿＿＿，＿＿＿＿＿，适用于＿＿＿＿皮肤。

判断题

1. 在调配精油时，不同精油要用不同导管。　　　　　　　（　　）

2. 精油适用于任何人群，包括孕妇。　　　　　　　　　　（　　）

3. 精油的包装可以用塑料瓶子。　　　　　　　　　　　　（　　）

4. 精油必须远离火源，并且避免阳光照射。　　　　　　　（　　）

5. 皱纹皮肤适合的精油是荷荷巴油。　　　　　　　　　　（　　）

试一试

利用网络资源，收集精油配方，并在课堂上与同学们分享。

自制一瓶适合自己肤质的精油喷雾。

我的美容心得：

＿＿＿＿＿＿＿＿＿＿＿＿＿＿＿＿＿＿＿＿＿＿＿＿＿＿＿＿＿＿＿＿＿＿＿

＿＿＿＿＿＿＿＿＿＿＿＿＿＿＿＿＿＿＿＿＿＿＿＿＿＿＿＿＿＿＿＿＿＿＿

＿＿＿＿＿＿＿＿＿＿＿＿＿＿＿＿＿＿＿＿＿＿＿＿＿＿＿＿＿＿＿＿＿＿＿

＿＿＿＿＿＿＿＿＿＿＿＿＿＿＿＿＿＿＿＿＿＿＿＿＿＿＿＿＿＿＿＿＿＿＿

三、迷人的气味——香水

香水和精油一样，也是取自花草植物，是一种混合了香精油、固定剂与酒精的液体。世界著名的时尚大师克里斯汀·迪奥曾经说过，"香水是一扇通往全新世界的大门"。香水的味道虽然无法看见或者触摸，但从来没有人忘记过它的存在，所以有人说，"香水是一件看不见的时装"。

选择一瓶合适的香水无疑是时尚人士的必修课，尤其是立志成为化妆品导购的同学们，了解香水、选择香水是非常重要的课程。

从香味的强弱来看，香精＞香水＞淡香水＞清淡香水。

从留香时间长短来看，香精＞香水＞淡香水＞清淡香水。

迷人的气味

图3-1-7　清淡香水

● 产　品　图3-1-7　清淡香水

● 说　明　雅顿绿茶香水

其独特的成分——绿茶。

如雨后清晨般令人神清气爽，心旷神怡。

清新花草香调，适合少女和性格温和的女性。

留香时间为2～3小时，价格适宜，是一款入门级的香水。

图3-1-8　淡香水

● 产　品　图3-1-8　淡香水

● 说　明　迪奥花漾甜心香水

带有甜甜的柑橘味，为20～25岁的女性设计，留香时间为3～4小时，价格比清淡香水略高。

● 产　品　图3-1-9　香水

● 说　明　迪奥真我香水

　　　　　　以玫瑰为主的花果香味，为
　　　　　　25~35岁的女性设计，适合于
　　　　　　社交场合涂抹，留香时间为
　　　　　　5~6小时，价格比前两种香水
　　　　　　都高。

图3-1-9　香水

● 产　品　图3-1-10　香精

● 说　明　香奈儿5号

　　　　　　世界上最著名的香水之一，
　　　　　　也是世界上第一款合成的花
　　　　　　香味香水，因为浓度高，留
　　　　　　香时间长达7~9小时，适合成
　　　　　　熟女性。

图3-1-10　香精

重点突破

鉴赏香水

　　试香时，先将香水喷在手腕上或是试香纸上，等香水挥发了再闻。一般来说，从开瓶到试香大约三分钟，一款品质良好的香水均具有三段式香味，由前味、中味、后味层层递进，表现出起承转合的韵律感。

　　前味：香水喷在肌肤上约十分钟后会有遮盖住的香味产生。最初会有香味和酒精混在一起的感觉。

中味：在前味之后十分钟左右的香味，此时酒精味道消失，留下的是香水原本的味道。

后味：喷香水后约三十分钟才会有的香味，是表现个性最好的香味。这种香味会混合个人体味产生综合味道。此外在试香水时，也可向空中喷洒香水，再用手撩拨味道至鼻边闻，此时直接呈现中味及后味，为香水的主调。

要在确定知道第一种香味后，再试第二种，不要在两者中闻来闻去。

 相关链接

分辨真假

第一，每瓶香水都有生产批号。不论是正版标准装还是小样试用装，在瓶底都有一张透明塑料纸，上有品名、规格和产地介绍。假香水则没有这些。

第二，正版香水瓶底和外包装盒底有统一编号，假如瓶底是GCXXX，盒底也一定是GCXXX。假香水瓶底和盒底没有编号。

第三，如果你以前用过这款香水，那么对其的香味一定很熟悉，你可以在用的时候感觉一下它的基调是否一样。仿的香水一般前味比较像，而到了后味味道就不一样。

第四，注意香水瓶的密封情况，瓶口与瓶盖要严密无间隙。正品香水包装整齐，图案清晰，瓶外观无裂纹等。原装品牌香水贴有白色的标签，主要是进口的批号、品牌供应商、净含量、保质期。外包装上还要有"CIQ"的标签。

香水的喷涂方法

1. 香精是以"点"、香水是以"线"、淡香水是以"面"的方式向外发散气味的，香水的浓度越低，喷涂范围越大。

2. 香精以点擦拭或小范围喷洒于脉搏跳动处。

3. 抹在体温高的部位。

4. 不要在阳光照射到的地方抹香水。

5. 白天适合喷涂淡香水，晚上适合涂抹浓香水。

课后思考

填空题

1. 香水按照浓度可分为_____，_____，_____，_____。

2. 香精的留香时间为_____小时。

3. 试香时，最好将香水喷在_____。

判断题

4. 要在确定知道第一种香味后，再试第二种，不要在两者中闻来闻去。（　　）

5. 香水的包装和内在质量没有关系。（　　）

6. 白天适合喷涂浓香水，晚上适合涂抹淡香水。（　　）

试一试

想象自己是香水推销员，请为以下三位客人推荐适合她们的香水。

A. 顾客刚大学毕业，在外资企业上班，希望买到一款在工作和休闲场合都能使用的香水。

B. 顾客是酒店服务人员，工作要求使用淡雅的香水。

C. 顾客是高级白领，想买一款经典的香水。

我的美容心得：

_____

_____

_____

_____

_____

_____

_____

任务二　鉴别美容产品

夕瑶有个同学属于痘痘肌肤，使用了多种祛痘产品均无效果，痘痘竟越长越多，去医院就诊后才知道自己使用了劣质的护肤品，不仅没有疗效而且破坏了皮肤的稳定性。现在市场上的美容产品这么多，怎样挑选安全优质的产品呢？

● **产　品**　图3-2-1 优质化妆水

图3-2-1　优质化妆水

● **说　明**　用力摇，摇完之后看泡泡：a. 泡泡很少，说明营养少无法发挥作用；b. 泡泡多但是大，说明含有水杨酸，水杨酸具有消毒功能，但刺激性大，易过敏，适用于痘痘肌肤；c. 泡泡很快就消失了，说明含酒精，不要长期使用，否则容易伤害皮肤的保护膜；d. 泡泡细腻丰富而且经久不消，那就是好的化妆水。

● **产　品**　图3-2-2 优质乳液

● **说　明**　拿一杯清水，把乳液倒进水里一点点，如果浮在水面上，证明里面含油石酯（这是化妆品不推荐用的），晃一晃，水变成了乳白色，证明里面含乳化剂，这样的乳液是不好的。

图3-2-2　优质乳液

如果倒在水里，乳液下沉到底部，证明不含油石酯，这样的是好的。因为油石酯会伤害皮肤，造成皮肤干燥缺水。而且它还是堵塞毛孔的主要原因，久而久之，毛孔会越来越大。

重点突破

护肤品挑选准则

①从外观上识别：好的化妆品应该颜色鲜明、清雅柔和。如果发现颜色灰暗污浊、深浅不一，则说明质量有问题。如果外观混浊、油水分离或出现絮状物，膏体干缩有裂纹，则不能使用。

②从气味上识别：化妆品的气味有的淡雅、有的浓烈，但都很纯正。如果闻起来有刺鼻的怪味，则说明是伪劣或变质产品。

③从感觉上识别：取少许化妆品轻轻地涂抹在皮肤上，如果能均匀紧致地附着于肌肤且有滑润舒适的感觉，就是质地细腻的化妆品。如果涂抹后有粗糙、发黏感，甚至皮肤刺痒、干涩，则是劣质化妆品。

解读精油商品标签

为了避免自己被不明确或者错误的商品标签误导，我们不仅仅要读懂商品标签，还要从中了解更多的信息。因此，我们还要了解一些植物命名的规则从而判断精油的品质。

植物科：总的类别，集合了具有相似性的植物属。

属：植物科的子集。

种：这个总的类别集合了相似的植物种类。

亚种：更精确的某种植物（SSP）。

栽培体系：由一种植物亚种培育出的特殊变种。

杂交：植物种及变种交配的产物（标志X）。

Var：变种。

o.p.：出产精油的器官，用于植物精油的提取。

s.b.：植物的生物化学特性，与植物的生物化学属性息息相关。

Syn：同义词。

植物精油商品标签上不会出现以上所有信息，有些信息不是必需的。

例如：

常见名字：头状花桉树。在它的学名中，桉树是它的属，头状花是它的种。

尝试新美容产品的过敏性测试

试验方法：用纯净水浸湿一块化妆棉，将护肤品涂在化妆棉的一面，然后敷于前臂内侧，再盖上保鲜膜，进行24~48小时的观察。

结果判定：如测试处有灼痛或发痒的症状，则表示该护肤品对皮肤有刺激性，应迅速将试验物去掉，用清水冲洗。如试验部位无任何症状，皮肤无任何不适，表明该护肤品无刺激性，可以放心使用。

相关链接

一、这些护肤品完全不必买贵的

清洁产品：作为只在脸上停留几分钟的产品，对洁面品更实际的要求应该是：表面活性剂够温和、分子够小，能够深入毛孔，所谓含有丰富的营养成分根本无法只在脸上停留几分钟就有奇迹般的效果。

睫毛膏：睫毛膏的成分较单一，所以我们可以放心选购价廉物美的国货和日系睫毛膏，它们的效果不逊于大品牌。

二、这些护肤品值得买贵的

精华液：饱含品牌科技与价值的精华液是最值得投资的护肤品之一。产品的效果和品牌的科研力量密不可分，所以只有贵价品牌的实验室才能提供最先进的、最卓越的产品。

面部除角质霜、护肤品：太便宜的面部磨砂膏和护肤品含有的磨砂颗粒粗糙，对皮肤伤害极大。而高价品牌的精细颗粒、温和配方却能保证你在清理死皮的同时呵护肌肤。

课后思考

选择题

1. 以下哪种成分是护肤品中不推荐用的？（　　）。

A. 油石酯　　　　　B. 水杨酸　　　　　C. 酒精

2. 以下哪种化妆水经过实验后是含有酒精的？（　　）。

A. 泡泡多但是大　　　B. 泡泡很多很细，但很快就消失了

C. 泡泡细腻丰富，有厚厚的一层，而且经久不消

试一试

选取前文提到的一种鉴别方法，对家中的护肤品进行鉴别，并写一份鉴定报告书。

我的美容心得：

_____

_____

_____

_____

任务三　认识世界知名品牌

在了解了化妆品的基础知识后，夕瑶不再盲目地去买化妆品了。这时妈妈收到了一份国外带回的化妆品，由于不认识包装上的英文，便拿给夕瑶辨别。夕瑶上网查看后，发现是国外名牌面霜，价格比超市里的面霜翻了好几倍，夕瑶很不理解："名牌化妆品的魅力真的这么大吗？"

一、化妆品品牌

名牌化妆品数不胜数，但是很少有人知道，大部分化妆品品牌其实都属于世界上最大的四个化妆品集团。

世界化妆品品牌一览

图3-3-1　法国欧莱雅集团

- **化妆品集团**　图3-3-1　法国欧莱雅集团

- **说　明**　关键词：世界上最大的化妆品集团

  顶级品牌：HR（赫莲娜），是旗舰产品

  二线产品：Lancome（兰蔻）、Biotherm（碧欧泉）

  三线或三线以下产品：L'Oreal Paris（欧莱雅）、Kiehl's（契尔氏）、羽西、小护士

  彩妆品牌：Shu Uemura（植村秀）、Maybelline（美宝莲）

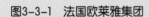

图3-3-2　美国雅诗·兰黛集团

● **化妆品集团**　图3-3-2 美国雅诗·兰黛集团

● **说　明**　关键词：科技领先

顶级品牌：LA MER（海蓝之谜），中国港台地区翻译为"海洋之蓝"

一线品牌：雅诗·兰黛

二线品牌：Clinique（倩碧）

三线品牌：Origins（悦木之源）

图3-3-3　法国LVMH集团

● **化妆品集团**　图3-3-3 法国LVMH集团

● **说　明**　关键词：奢侈华丽

护肤品牌：Guerlain（娇兰）、Dior（迪奥）、纪梵希（Givenchy）、CLARINS（娇韵诗）、Fresh（馥蕾诗）

彩妆品牌：Makeup forever（浮生若梦）、Benefit（贝玲妃）、SEPHORA（丝芙兰）

● 化妆品集团　图3-3-4　日本资生堂

● 说　明　关键词：日系化妆品的代表

顶级品牌：clé de peau beauté（肌肤之钥）、IPSA（茵芙莎）

二线产品：Ettusais（艾杜纱）、Decleor（思妍丽）

三线品牌：SHISEIDO FITIT、ASPLIR（爱泊丽）、WHITIA（白娣颜）、泊美

图3-3-4　日本资生堂

　　现代的化妆品早已摆脱了作坊式的经营模式，大品牌以研发、推广、销售一条龙的方式经营着庞大的化妆品帝国。化妆品已经成为最新的奢侈品。

 拓展阅读

认识美容界名人

（一）推动美容业发展的第一人——赫莲娜·鲁宾斯坦夫人

关键词：美容女王　世界上最富有的女人　先锋人物

　　正如同学们看到的，许多欧美品牌的化妆品是以创始人的名字命名的，最为典型的就是赫莲娜·鲁宾斯坦夫人，她的品牌是HR，正是她名字的缩写。她不仅是美容师，而且是一位严谨的科学家，一位成功的企业家。她的品牌HR创立于1902年，遍布全球51个国家，是当之无愧的美容帝国。但是比她的成就更耀眼的是她的励志故事，至今激励着我们。

　　1872年，波兰的克拉科夫小城，一个面色红润的婴孩摇晃着小手，咿呀着张开眼睛。这个可爱的女婴就是赫莲娜·鲁宾斯坦——今天的美容女王。赫莲娜出生在一个贫穷的犹太家庭，是八姐妹中最大的一个，这意味着赫莲娜很小就尝到了生活的艰辛，须要帮助父母分担生活的重担。

　　但她从来不甘心碌碌无为地度过一生。1898年，赫莲娜带着一瓶自己

研发的保湿霜离开波兰远赴澳大利亚，开始从事药物配方工作，并将药物配方科技运用到护肤品配方中。她本人善于保养，用自制的面霜把皮肤调理得很细腻，让其他饱受风沙侵蚀的当地女性很羡慕，她也由此抓住了商机。1902年，赫莲娜在墨尔本开设了世界上第一家美容院。1905年，她的美容院开设了皮肤状态观察室。她仔细观察顾客的皮肤后，发现每个人的肤质都不相同，因此她提出了皮肤分类理论。

　　她深知在这个新时代科技的重要性，一个多世纪以来，创新科技一直居于HR赫莲娜品牌的核心地位，它不断汲取来自生物学、医药学、化学和皮肤学等多个领域的前沿科技，奉献可与手术效果相媲美的产品。鲁宾斯坦夫人把时间花在了美容院里和实验室里。她的付出也得到了回报，她一手开启了美容这个行业，并且成为当时世界上最富有的女人。

图3-3-5　HR商标　　　　　图3-3-6　赫莲娜·鲁宾斯坦夫人

　　赫莲娜·鲁宾斯坦夫人的名言是："我用毕生精力去建筑一所对抗时间的堡垒。"第二次世界大战结束后，73岁高龄的鲁宾斯坦夫人回到欧洲，她亲自主导业务，继续废寝忘食地工作。1950年至1958年推出了许多创新产品，每一种都大受欢迎。1965年4月1日，赫莲娜·鲁宾斯坦夫人在纽约去世。享年93岁的鲁宾斯坦夫人传奇般的一生落下了帷幕。她死后，由于家族中无人能接棒，HR品牌因为经营不善濒临倒闭，最后被前文提到的欧莱雅集团收购，成为该集团的顶级品牌。

重点突破

赫莲娜·鲁宾斯坦夫人的"第一"

1. 第一个提出皮肤分类理论
2. 第一个开设美容院
3. 第一个提出深层清洁概念，并发明去角质产品
4. 第一个在化妆品柜台提供美容咨询服务
5. 发明了第一支防水睫毛膏
6. 第一个在化妆品中添加维生素成分
7. 第一个倡导化妆品界应采用严格的卫生标准

拓展阅读

（二）美丽是一种态度——雅诗·兰黛

关键词：神秘　推销员先驱　商业天才

"没有丑女人，只有懒女人"这句话可谓家喻户晓。

雅诗·兰黛夫人的神秘感来自她的年龄，她直到2004年逝世都不愿透露自己的真实年龄。

我们只知道她出生在纽约皇后街的一位开五金店的犹太人家里，童年的雅诗·兰黛白肤金发，像洋娃娃一样招人喜欢。她最喜欢的游戏就是为母亲梳头化妆，每天都要为母亲换几种发型。

第一次世界大战爆发时，化学家叔叔的到来改变了她的一生——因为叔叔有护肤油的秘密配方。叔叔带来的神奇护肤膏使雅诗·兰黛从此把唯一的梦想与它联系在一起，开始孕育一个美容世界的梦："我的未来从此写在一罐雪花膏上。"

她的公司的第一个实验室是由位于纽约郊外的一个小储藏室改造而成的。而她的第一个办公室，就是家中的餐厅。经过一次次实验，对产品百余次的推敲，终于由她当皮肤科医生的叔叔配制出了清洁油、润肤露、泥浆面膜等产品，产品虽然不多，但良好的品质及功效令美容专栏作家、经销商及消费者赞不绝口。

接下来，雅诗·兰黛开始为产品销售终日奔波。为在纽约第五大道开第一个专柜，她每天都去该店要求见总经理，直到有一天，该店的总经理

说："你又来了，那就进来吧。"她强调说只需要10分钟的时间介绍产品，并把产品给该店的总经理试用。10分钟之后，总经理被产品的性能和她锲而不舍的精神所打动，最终在纽约第五大道开设了她的第一家专柜。同时，雅诗·兰黛也显露了女性特有的小智慧，她的公司创立初期，规模很小，办公室里只有她一个人，但她在接起电话时会模仿不同人的声音，让来电者误以为这是一个大公司，有很多员工，进而产生信任感。

1946年以前，她就开始尝试把自己的面霜、护手霜带到美容院或者商店去。她有礼有节，在不冒犯顾客的前提下，挖出一些涂抹在客人的手上或脸上。雅诗·兰黛很会推销，能滔滔不绝地说产品的效果。虽然要见效果总要过一段时间，但是她的推销手法就如拂面春风淡淡送来清香，让人很难拒绝。

正如她的名言一样："我生命中工作的每一天无不是在推销。"到她逝世前，雅诗·兰黛品牌已经开发了彩妆、护肤、香水三条生产线，并且收购了大量小品牌，重新整合投入市场，形成了化妆品集团。这位出生于纽约皇后区的"灰姑娘"，凭借智慧、热情与执着，撰写了一个传奇。在《时代周刊》评选的20世纪20位最具影响力的商业天才中，雅诗·兰黛是唯一的女性。

 相关链接

雅诗·兰黛的前半生大都是一个谜。就比如作为品牌名的名字来说，就有好多种解释。比较流行的说法是，最初她被家人叫作"艾斯蒂"，而填写出生证明的工作人员就把它错拼成了"艾瑟尔"。等到雅诗·兰黛读书的时候，她的老师希望让这个名字多一些浪漫主义色彩，所以融合了法语的特点给她改名为"雅诗"。雅诗·兰黛的姓氏"兰黛"则来自她的奥地利籍的丈夫约瑟夫·H.劳特尔。两人结婚后十年就把这个姓氏的拼写改了，让它回到了奥地利语的原貌"兰黛"。就这样，"雅诗·兰黛"诞生了，它看上去天生就是一个化妆品的品牌名。

🔧 拓展阅读

（三）香水家族——娇兰

关键词：奢华　家族传承　香水大师

1828年，当年轻的皮埃尔·娇兰从英国学成归来，并在法国开店的时候，大概没有想到，他的家族将因为无形无色的气味在此后的一个半世纪里，成为永恒芬芳的代名词。

皮埃尔·娇兰是一个才华横溢的香水大师。最初，娇兰的香水店里出售的多为英国进口的时尚品。但凭借医生和药剂师的专业知识，经过反复实验和大胆尝试，皮埃尔·娇兰开始调配香水。这位年轻的香水家在一个街角的小工厂内，发明了很多崭新的香水品种。于是，原本虚无缥缈的灵感开始一滴一滴地凝结在瓶中，堆积成"液体钻石"。

皮埃尔从1830年开始尝试着把他的香水产品个性化，为某个特定的人或场合制造。在皮埃尔·娇兰创立他的生意之初，他就以能为客户配制不同个性的香水而出名。当时娇兰最著名的顾客是大文豪巴尔扎克，但这些也远不足以说明娇兰在香水历史上的地位。

1853年，皮埃尔·娇兰亲自研制出品的"皇家香露"的瓶子上印有拿破仑时代的蜜蜂标志，因此得到了欧也妮皇后的欢心，皮埃尔·娇兰也因此被指定为皇家御用香水师，后来蜜蜂标志也成为娇兰的品牌商标。之后，娇兰家族乘胜追击，1939年，娇兰在巴黎的68号开设了一家美容护肤中心，且自创独特的法式按摩方法，在当时成为法国上流社会的交流地。

娇兰家族的香水事业代代相传，调制开发香水的天赋也遗传到了皮埃尔的子孙身上。皮埃尔死后，娇兰继续推出新款香水，如今已有300多种，每一款香水都能惊艳众人。在全世界，娇兰甚至成为法式奢华的代名词。

🔗 相关链接

娇兰家族的知名设计

图3-3-7　　　　　　　图3-3-8　　　　　　　图3-3-9

兰蔻的品牌故事

兰蔻诞生于1935年的法国，是由阿曼达·珀蒂让创办的品牌。作为全球知名的高端化妆品品牌，兰蔻涉足护肤、彩妆、香水等多个产品领域，主要面向教育程度和收入水平均较高，年龄在25～40岁的成熟女性。

LANCOME这一名称构想来自法国中部的一座城堡LANCOSME，为发音之便，用一个典型的法国式长音符号代替了城堡名中的字母"S"。又因"兰蔻城堡"的周围种植了许多玫瑰，充满浪漫意境，于是玫瑰花成为兰蔻品牌的象征。品牌创始人阿曼达认为每个女人就像玫瑰，各有其特色与姿态。于是就以城堡名命名品牌，玫瑰则成为LANCOME的品牌标志。

兰蔻最初的商标中有代表其三个系列的标志物：玫瑰，代表香水系列；莲花，代表护肤系列；天使，代表彩妆系列。

鉴别日系护肤品的真假

现在网络购物十分发达，网购化妆品既方便快捷又价格低廉，成为许多学生族的最爱，但是网购也陷阱重重，怎样避免不良商家的坑害呢？

1. 很多假货包装上有错别字，如"税拔"，只有中文会这么写这个"拔"字，日文中这个字是没有那一点的。

2. 有问题的日本产品包装上有中文生产日期，但其实进口的日本产品是绝对不会出现中文生产日期的，因为日本产品本来就没有生产日期，只有产品批号。

二、国产化妆品品牌

 任务拓展

任务情境

夕瑶很向往这些大牌护肤品，但是囊中羞涩，她很想了解一下有哪些物美价廉的国产化妆品。

任务要求

1. 利用网络资源，收集相关资料。

2. 小组合作制作10页左右的PPT课件，介绍一个国产化妆品品牌，选取该品牌的一个明星产品进行产品介绍。

3. 要求图文并茂、结构完整、语言精练、解释生动有趣。

任务实施

1. 课前查阅资料，积极探索。

2. 完成表格中的内容。

任务步骤	内　容
查找图片资料	
查找文字资料	
制作PPT	
课堂讲解展示	
其他工作	

3. 小组讨论，自行归纳PPT的中心思想。

4. 小组成果展示，互相交流，评价优点和不足。

 案例欣赏

主题：佰草集品牌故事

图3-3-10

- **图　片** 图3-3-10

- **说　明** 品牌故事

  佰草集是上海家化联合股份有限公司1998年推向市场的一个具有全新概念的品牌，是中国第一套具有完整意义的现代中草药中高档个人护理品。

图3-3-11

● 图　片　图3-3-11

● 说　明　产品理念
注重现代科技与中国传统中医美容的糅合，崇尚自然、平衡的境界。

图3-3-12

● 图　片　图3-3-12

● 说　明　名星产品

佰草集新七白美白嫩肤面膜
特色：蕴含白术、白茯苓、白芍、白芨等七种中草药萃集而成的"新七白"精华。

功效：美白保湿补水，修护肤色不均。

类别：清洗型面膜

肤质：中性

适用人群：男女通用

● 总　结　佰草集有别于传统的国货，它科学地运用中医独有的"以内养外"的理念，是一个优秀的国产护理品牌。

课后思考

填空题

1. 世界四大化妆品集团是＿＿＿＿＿＿＿，＿＿＿＿＿＿＿＿，＿＿＿＿＿＿＿＿，
＿＿＿＿＿＿＿。

2. 欧莱雅化妆品集团和雅诗·兰黛化妆品集团的顶级品牌分别是＿＿＿＿，
＿＿＿＿＿＿＿。

选择题

1. 以下明星产品中最适合年轻肌肤的是（　　）。

A. 倩碧三部曲　　　B. 兰蔻水分缘系列　　C. 雅诗·兰黛即时修护精华素

2. 以下哪个集团的化妆品属于日系化妆品？（　　）。

A. 雅诗·兰黛集团　　　B. LVMH集团　　　C. 资生堂集团

3. 娇兰是以下哪个集团的品牌？（　　）。

A. 雅诗·兰黛集团　　　B. LVMH集团　　　C. 资生堂集团

4. 以下哪位美容界名人开设了世界上第一家美容院？（　　）。

A. 赫莲娜·鲁宾斯坦　　B. 皮埃尔·娇兰　　C. 雅诗·兰黛

5. 以下哪项成就不属于赫莲娜·鲁宾斯坦？（　　）。

A. 首次提出皮肤分类学说　　　　　　　B. 发明防水睫毛膏

C. 被评选为20世纪20大商业天才

6. 皇家香露是以下哪位美容界名人的作品？（　　）。

A. 雅诗·兰黛　　　B. 皮埃尔·娇兰　　C. 赫莲娜·鲁宾斯坦

7. "没有丑女人，只有懒女人"是以下哪位美容界名人说的？（　　）。

A. 雅诗·兰黛　　　B. 皮埃尔·娇兰　　C. 赫莲娜·鲁宾斯坦

拓展探索

1. 到商场的化妆品柜台参观，分析每个品牌的风格。

2. 收集一个品牌故事，在课堂上讲给大家听。

3. 上网搜集资料，找一找赫莲娜·鲁宾斯坦、雅诗·兰黛、皮埃尔·娇兰
这三位名人励志故事的共同点。从这个角度出发，谈谈自己的看法。

＿＿＿＿＿＿＿＿＿＿＿＿＿＿＿＿＿＿＿＿＿＿＿＿＿＿＿＿＿＿＿＿＿＿＿＿＿＿

＿＿＿＿＿＿＿＿＿＿＿＿＿＿＿＿＿＿＿＿＿＿＿＿＿＿＿＿＿＿＿＿＿＿＿＿＿＿

＿＿＿＿＿＿＿＿＿＿＿＿＿＿＿＿＿＿＿＿＿＿＿＿＿＿＿＿＿＿＿＿＿＿＿＿＿＿

1. 找一找本地美容业的成功人士，上网搜集她（他）的资料，整理好后讲给大家听。

　　2. 找一张化妆品真假对比图，在课堂上展示并讲述区别到底在哪里。

　　我的美容心得：

项目四

我的美容人生

情境导入

夕瑶学美容越学越开心，她现在很认真地考虑把美容作为自己的终生事业。夕瑶很想知道成为一个优秀的美容从业人员需要经过哪些锻炼和过程。

我们的目标是

着手的任务是

- 学会自我美容美体护理的基本技巧
- 了解美容师、化妆师、化妆品导购的工作重点和职责范围
- 了解美容业从业人员的职业能力标准

- 养成健康有益的美容习惯
- 培养基本的职业素养

任务实施中

任务一　学会自我美容美体护理

　　不知不觉夕瑶学美容已经快半年了。亲朋好友们都发现了她身上的变化：皮肤更细腻了，仪态更优美了，待人接物也更得体了，曾经怯怯的小姑娘渐渐成长为亭亭玉立的大姑娘。除了受到专业熏陶外，这些变化也和夕瑶平时的努力保养分不开。今天我们以她为例，看看她是怎样进行面部护理和身体护理的，度过健康美丽的一天。

一、肌肤健康美丽的标准

　　肌肤纹理细腻　这是美肤的首要条件，肌肤纹理的粗细虽是天生的，但如果不予以保养，细腻也会变得粗糙，相反，天生肌肤纹理粗糙的人只要后天细心呵护，也会变细腻。

　　肌肤湿润　不干不油，皮脂能保持正常水分。

　　具有光泽和弹性　光泽的肌肤和表层与真皮中所含水分的多寡有密切关系，尤其是当补给水分进入表皮的角质层时，能使肌肤恢复张力。

　　肤色近似象牙色　当肌肤暴露在紫外线下时，会因色素沉淀而变黑。年轻时，经过一段时间修复能使肌肤恢复原来的颜色，但当年龄增大时，会越来越不容易复原，因此应尽量避免肌肤暴露于强烈的阳光下。

二、每天必做的护肤功课有哪些

　　卸妆　可能你觉得自己没有化妆因此不需要卸妆，其实不然，即便只涂一层防晒霜，也同样容易堵塞毛孔，所以卸妆是必要的。

　　洗脸　洗脸之前应该把手先洗干净，然后用洗面乳洗脸，用手指按摩全脸，特别要注意鼻子的两旁，一定要冲洗干净。

　　保湿　洗脸后及时用爽肤水给肌肤补充水分，然后抹上乳液或乳霜，以锁住之前补充的水分。最好再加上一点点按摩，以促进肌肤的血液循环，最后涂上眼霜。

三、健康的肌肤需要的营养

1. 蛋白质

蛋白质是人体不可或缺的物质。如果皮肤缺少蛋白质，就会苍白、干燥、衰老。

2. 脂类

脂肪可供给人体热能，使肌肤富有弹性。缺少脂肪的皮肤容易松弛下垂。

3. 维生素

维生素A具有保护肌肤和黏膜的作用，如果缺乏维生素A，则毛囊中角蛋白阻塞，致使肌肤表面干燥、粗糙，甚至皲裂。因此市面上很多护手霜都含有维生素A，就是为了防止手部皮肤皲裂。

维生素C是构成细胞间质的必要成分。维生素C的缺乏可引起肌肤干燥和痤疮等。维生素C也是重要的美白物质。

维生素E具有抗老化、改善肌肤血液循环的作用，缺乏维生素E可引起皮肤粗糙、衰老。

 重点突破

自我面部卸妆清洁

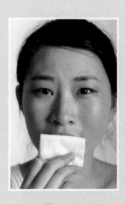

图4-1-1

● 操作过程　图4-1-1

● 操作说明　1. 用纸巾擦去唇部彩妆。
　　　　　　　2. 佩戴隐形眼镜的要先把隐形眼镜取下再开始卸妆，否则卸妆产品渗进眼睛是很危险的。

图4-1-2

● 操作过程   图4-1-2

● 操作说明   清除睫毛膏
把化妆棉对折，垫在眼睛下
方，用化妆棉签蘸取少量眼
部卸妆液，顺眼睫毛生长方
向，由睫毛根部向睫毛尖部
轻拭，清除眼睫毛上的睫毛
膏和眼线。

图4-1-3

● 操作过程   图4-1-3

● 操作说明   清洗眼影及眉部
将蘸有眼部卸妆品的棉片分
别覆盖在双眼的眼睑和眉
部。大约5秒后，待眼影等
开始溶解，轻轻向两边拉
抹，清除眼影和眉部彩妆。

图4-1-4

● 操作过程   图4-1-4

● 操作说明   卸底妆
每次一元硬币大小的用量，
用双手预热卸妆产品后，用
手指指腹在面部由内而外轻
轻打圈，让卸妆产品更好地
溶解毛孔内的彩妆，再用化
妆棉轻轻擦拭掉面部妆容，
之后进行洁面。

● 注意事项   轻柔的动作可以避免拉扯皮
肤而产生细纹。

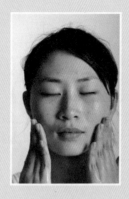

● 操作过程　图4-1-5

● 操作说明　全脸清洁及后续保养
用洗面奶清洁脸部后，抹上
化妆水和乳液。因为卸妆会
带走皮肤的水分，需要及时
保湿。

图4-1-5

导致肌肤暗哑的元凶

1. 睡眠不足　太晚睡觉会导致人体新陈代谢变慢，角质层增厚，肌肤失去原本的清透感。这些是涂抹再多的粉底也无法掩盖的，所以晚上11点前睡觉是最为适宜的。

2. 清洁不彻底　当彩妆停留在脸上一段时间后，会和皮肤分泌出的油脂及空气中的灰尘混合在一起，氧化变质。这时候如果面部的清洁工作不够彻底，肌肤就会暗哑无光，打乱了肌肤新陈代谢的节奏。

3. 紫外线　紫外线会侵害皮肤纤维，并在真皮层中残留。这对于皮肤来说是不可逆的伤害。

4. 吸烟　吸烟会伤害皮肤血管，使皮肤的微循环变慢，长期处于缺氧的状态。另外，吸烟所产生的烟雾会弄脏毛孔，产生各种各样的皮肤问题。

 拓展阅读

夕瑶的美容日记

6：45　夕瑶从梦中醒来，轻轻地揉揉双眼，开始了繁忙又充实的一天。

6：50　夕瑶用无泡沫的洗面乳洗脸，早晨的皮肤不会有太多的污垢，只需清理掉夜间生成的油脂就可以了。冲掉洗面乳之后用干净的毛巾将脸上的水珠吸干，切勿大力揉搓，因为此时我们的皮肤还未完全苏醒，大范围的揉搓容易伤害皮肤，造成皮肤早衰。之后将化妆水轻轻拍打至吸收，早晨的清洁保湿就完成了。

7：00　吃早餐，早餐不宜油腻，稀饭、牛奶、馒头这些食物不仅能补充能量，而且对我们的肠胃也大有好处。很多人因为早上起不来而忽略早餐，长此以往就会被各种慢性疾病缠绕。

长期不吃早饭的人容易脸色暗黄，身体浮肿。

7：10　出门前搽一点有防晒隔离效果的BB霜。不管刮风下雨，紫外线是永远存在的，所以即使是阴雨天，夕瑶也会做一些防晒工作。

7：40　夕瑶走进了教室，开始了一天紧张的学习，今天上午有夕瑶最喜欢的化妆课，可有的忙了。

11：30　午休时间。夕瑶在桌上趴了一会儿，这样才有精神完成下午的学习任务。

12：40　夕瑶醒来后滴了几滴眼药水，这样既消除了眼睛的疲劳，又使眼睛看起来更有神了。

14：30　体育课下课了，夕瑶觉得脸上被太阳晒得滚烫，隔离霜也被汗水冲刷得所剩无几，夕瑶把矿泉水装在了小喷瓶里，喷在脸上做了一个简单的晒后修复。

16：00　放学了，夕瑶和同学们有说有笑地走在回家的路上。

17：30　晚餐时，妈妈做了很多菜，夕瑶特别爱吃炒胡萝卜和番茄蛋汤。胡萝卜素有助于维持皮肤细胞组织的正常机能、减少皮肤皱纹，保持皮肤润泽细嫩。番茄含有番茄红素，有助于展平皱纹，使皮肤细嫩光滑。常吃西红柿还不易出现黑眼圈，且不易被晒伤。

19：30　和爸爸妈妈看完新闻后，夕瑶回到自己房间开始做作业。为了查找资料，夕瑶还得打开电脑上网搜集。

21：30　差不多到该睡觉的时间了，夕瑶开始了一天中最后一项美容工作。面对电脑时间长了皮肤容易吸收辐射，并且一整天下来汗液灰尘也堆积了不少，夕瑶用泡沫洗面奶仔细地清洗了全脸，再依次涂抹上化妆水、乳液，然后贴上了片状面膜。之后，夕瑶卸面膜，清洗护肤。

22：00　准时睡觉。这段时间是新陈代谢最快的时间，也是调整身体内部状态最好的时间，夕瑶可不愿意忙活了一天却错过了最重要的"美容觉"。

相关链接

小测试

干性肌肤（DRY-D）VS　油性肌肤（OIL-O）

通过回答这部分的问题可以准确分析出肌肤的含水状况和出油程度。研究表明，虽然许多人对于自己属于油性肌肤或干性肌肤显得很确定，但其实这些预见往往不准确。别让自己的那些成见或其他的想法影响你的回答，只要根据实际情况来选择就对了。如果对某些问题中涉及的情况不确定或不记得，请重新试验一次，虽然这需要些时间。

1. 洗完脸后的2~3小时，不在脸上涂任何保湿/防晒产品、化妆水、粉底或任何产品，这时如果在明亮的光线下照镜子，你的前额和脸颊部位：

A. 非常粗糙，出现皮屑，或者如布满灰尘般的晦暗

B. 仍有紧绷感

C. 能够恢复正常的润泽感而且在镜中看不到反光

D. 能看到反光

2. 在自己以往的照片中，你的脸是否显得光亮：

A. 从不，或你从未意识到有这种情况

B. 有时会

C. 经常会

D. 历来如此

3. 上妆或使用粉底，但是不涂干的粉（如质地干燥的粉饼或散粉），2~3小时后，你的妆容看起来：

A. 出现皮屑，有的粉底在皱纹里结成小块

B. 光滑

C. 出现闪亮

D. 出现条纹并且闪亮

E. 我从不用粉底

4. 身处干燥的环境中，如果不用保湿的产品或防晒产品，你的面部肌肤：

A. 感觉很干或锐痛

B. 感觉紧绷

C. 感觉正常

D. 看起来有光亮，或从不觉得此时需要用保湿产品

E. 不知道

5. 照一照有放大功能的化妆镜，从你的脸上能看到多少大头针针尖样的毛孔：

A. 一个都没有

B. T区（前额和鼻子）有一些

C. 很多

D. 非常多

E. 不知道（注意：反复检查后仍不能判断状况时才选E）

6. 如果让你描述自己的面部肌肤特征，你会选择：

A. 干性

B. 中性（正常）

C. 混合性

D. 油性

7. 当你使用泡沫丰富的皂类洁面产品洗脸后，你会：

A. 感觉干燥或有刺痛的感觉

B. 感觉有些干燥但是没有刺痛感

C. 感觉没有异常

D. 感觉肌肤出油

E. 我从不使用皂类或其他泡泡类的洁面产品（如果这是因为他们会使你的肌肤感觉干和不舒服，请选A）

8. 如果不使用保湿产品，你的脸部会觉得干吗：

A. 总是如此

B. 有时会

C. 很少会

D. 从不会

9. 你脸上有堵塞的毛孔吗(包括"黑头"和"白头")：

A. 从来没有

B. 很少有

C. 有时有

D. 总是出现

10. 你的T区（前额和鼻子一带）出油吗：

A. 从来没有油光

B. 有时会有出油现象

C. 经常有出油现象

D. 总是油油的

11. 脸上涂过保湿产品后2~3小时，你的两颊部位：

A. 非常粗糙、脱皮或者如布满灰尘般的晦暗

B. 干燥光滑

C. 有轻微的油光

D. 有油光、滑腻

分值：

选A—1分，选B—2分，选C—3分，选D—4分，选E—2.5分

如果你的得分为34~44，属于非常油的肌肤；如果你的得分为27~33，属于轻微的油性肌肤。

如果你的得分为17~26，属于轻微的干性肌肤；如果你的得分为11~16，属于非常干的肌肤。

怎样去黑头？

黑头是油脂硬化阻塞物，出现的原因是由于皮肤中的油脂没有及时排出，长期油脂硬化阻塞毛孔而形成的。鼻子是最容易出油的部位，不及时清理，油脂混合着堆积的大量死皮细胞沉淀，就形成了小黑点。所以，清除过剩油脂和控油是去黑头的关键。

以下为大家介绍几种去黑头的小窍门。

1. 蒸汽法

这个方法是美容院为客人去黑头的方法。在家里我们没有专用的仪器产生蒸汽，可以用普通的热水。把脸凑在热水上方蒸30秒，注意不要凑太近以防被蒸汽烫伤，待到毛孔完全打开后可以用消过毒的美容针把黑头挤压出来。除完黑头后，最好用冰冻蒸馏水或爽肤水敷于鼻子和T字部位，除能镇静皮肤外，还可以收缩毛孔。

2. 蛋清去黑头法

准备好清洁的化妆棉，将原本厚厚的化妆棉撕开为较薄的薄片，打开一个蛋，将蛋白与蛋黄分离，留蛋白部分待用；将撕薄后的化妆棉浸入蛋白，稍微沥干后贴在鼻头上；静待10至15分钟，待化妆棉干透后小心撕下。

3. 黑头导出液法

市场上有专门的黑头导出液，用化妆棉浸湿后敷在鼻子和T区，也可以搭配蒸汽法一起使用。

四、自我身体护理技巧

夕瑶以前和很多同龄人一样，不爱运动，放假就窝在电脑前，玩电脑的时候还大吃特吃，久而久之有了小肚腩。上高中后夕瑶认识到了自己的这些坏习惯，开始有意识地转变生活方式。下面我们看一下夕瑶在暑假里的美体日记。

（一）完美体形的标准

上下身比例：以肚脐为界，上下身比例应为5∶8，符合黄金分割比例。

胸围：由腋下经胸部的上方最丰满处测量胸围，为身高的一半。

腰围：量腰最细的部位，腰围较胸围小20厘米。

髋围：在体前趾骨平行于臀部最大部位。髋围较胸围大4厘米。

大腿围：在大腿的最上部位，臀折线下，大腿围较腰围小10厘米。

小腿围：在小腿最丰满处。小腿围较大腿围小20厘米。

上臂围：在肩关节和肘关节之间的中部，上臂围等于大腿围的一半。

一般来说，完美体形要求身材匀称，四肢修长，骨骼和肌肉分布合理，它是外在形态美和内在心灵美的统一。

（二）常见体形和美体方案

图4-1-6　梨形

- **常见体形**　图4-1-6　梨形

- **推荐运动**　器械运动和垫上运动，每周3次健美操。

- **推荐饮食**　蛋糕、冰激凌等甜食一周不超过3次，多吃水果。

图4-1-7　香蕉形

- **常见体形**　图4-1-7　香蕉形

- **推荐运动**　每周3次有氧运动，不宜多做器械运动。

- **推荐饮食**　少食多餐，常吃鱼虾和瘦肉补充蛋白质。

图4-1-8　苹果形

- 常见体形　图4-1-8 苹果形

- 推荐运动　每周3次，每次1小时以上的有氧运动，3个月后加上哑铃练习。

- 推荐饮食　控制糖类摄入，每天至少吃5份蔬菜水果补充维生素。

（三）完美体形所需的正确饮食习惯

1. 要吃蛋白质食物。蛋白质有助于肌肉生长，因此应多吃瘦肉及大豆制品。

2. 要吃富含钙质的食物。如牛奶可预防骨质疏松。

3. 要吃含钾食物。钾可帮助把多余的水分排出体外。

4. 不要喝含太多糖分的饮料或罐装果汁。因为糖分会很容易转化成脂肪。即使是吃水果时，也要选取一些糖分含量较低的水果，如苹果、柚子和橙子，而不是香蕉、西瓜和哈密瓜。

5. 不要摄取过多的盐分。因为盐分会使体内积水，形成水肿，所以应少吃薯片和腌制食品等高盐分食品。

6. 不要吃加工类食品如快餐、油炸食品、速冻食品等。尽量以天然食物烹调最佳。因为食品添加物的分子大部分较小，会使水分滞留在身体里排不出而囤积在下半身，形成臃肿的大腿。

简易塑身美体操

图4-1-9

- 动　作　图4-1-9

- 说　明　减肥重点：腹部、臀部

　　　　动作：坐在硬椅子上，双脚分开平抓住椅背边缘，抬双脚与臀部同高。保持姿势，双脚一齐用力并拢。放下双脚，回起始位。重复5～10次。

图4-1-10

- 动　作　图4-1-10

- 说　明　减肥重点：手臂、腹部、背
　　　　　　部、腿

　　　　　　动作：A 俯卧，后背绷直，
用前臂和脚趾支撑身体，颈
部与后背在一条直线上。B
向上抬起臀部，使身体成倒
V字状，头在双臂之间。保
持姿势放松。缓慢回到动作
A。重复5～10次。

图4-1-11

- 动　作　图4-1-11

- 说　明　减肥重点：腰部

　　　　　　动作：左脚屈膝放在地面
上，左脚尖与肩在一条垂直
线上，向后伸右腿，上身挺
胸，双手支撑起身体。

图4-1-12

- 动　作　图4-1-12

- 说　明　减肥重点：腹部、背部、大
　　　　　　腿后侧

　　　　　　动作：双脚并拢站立，缓慢
由臀部开始向下弯曲身体，
双手指尖触地。向后抬高左
腿。如果感觉有难度可以略
微弯曲右膝。保持姿势数到
5，放下左腿，换右腿。重
复5～10次。

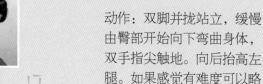

拓展阅读

夕瑶的美体日记

8：30　闹钟还没响，夕瑶就醒了，虽然是在假期，但是一觉睡到中午只会越睡越累，整张脸都浮肿了。

8：40　夕瑶为了防止便秘，养成了每天早上空腹喝一杯白开水的习惯。老师说早上起床后为身体补水，让水分迅速输送至全身，有助于血液循环，还能帮助肌体排出体内毒素，滋润肌肤，让皮肤水灵灵的。

8：45　起得再晚也要吃早餐，早餐是一天中最重要的一餐。夕瑶曾经为了减肥不吃早餐，结果到了中午就头昏眼花，中午和晚上吃了好多，反而比以前更胖了，真是得不偿失啊。

9：30　今天外面的气温又是35℃，夕瑶看看窗外骄阳似火，心想出去玩儿是不可能了，还是在家看书上网吧，但是现在坐在电脑前，夕瑶都会挺直身子，不良的坐姿会给颈、背部造成持续的负荷，使背部肌肉、韧带长时间受到过度牵拉而受损，从而引起原因不明的腰疼。

12：00　吃午饭了，夕瑶吃了炒苦瓜、清蒸鱼和米饭。苦瓜属于凉性蔬菜，夏季暑湿之毒会影响人体健康，吃些凉性蔬菜和清淡食物有利于生津止渴，除烦解暑，清热泻火。

13：00　睡半小时的午觉。

13：30　每天紫外线最强的时间为上午九点至下午两点，夕瑶一觉醒来看到阳光已经没有那么强烈了，就打电话约了同学在体育馆打羽毛球，她收拾好东西兴冲冲地出门了。

15：00　夕瑶在体育馆打球打得大汗淋漓，毛巾都湿透了，眼看着已经快一小时了，夕瑶担心运动量太大，还是放下了球拍。以往她都会来一瓶冰可乐，但是冰冻饮料会瞬间让皮肤、消化道降温，引起腹痛。夕瑶慢慢喝了点保温杯里的热茶，热茶通过排汗带走了体内的高温，并且保持了体内良好的循环。经常喝温热的饮料会让减肥事半功倍。

18：00　晚餐时间，夕瑶只吃了七分饱，因为再过几小时就要睡觉了，无法消耗掉食物，吃得太饱，食物都会变成赘肉堆积在身上。

19：00　夕瑶和妈妈去外面散了半小时步，消化一下晚餐，之后就不能喝水了，否则第二天起来眼皮会浮肿。

21：30　洗澡，洗完澡后夕瑶仔细地涂抹润肤露，重点是膝盖和手肘这些干燥的部位。在床上把两腿放直，轻轻地敲打大小腿，促进下半身血液循环，也可以防止因运动产生的粗壮的肌肉腿。

22: 30　美容师是靠双手工作的，每个美容师都需要一双温和柔软的手。所以夕瑶每天都要保养自己的双手，她最后一项美体工作就是涂上厚厚的护手霜，再戴上全棉的手套睡觉，第二天双手会意想不到的白嫩。

相关链接

小测试

你超重了吗？

以标准体重判断：

中国成年女性的标准（千克）＝身高（厘米）－105（可上下浮动10％）。如果体重高于或低于标准体重的10％～20％，则偏胖或偏瘦；如果高于或低于标准体重的20％，则太胖或太瘦。

国际标准体重计算公式：体重（千克）＝［身高（厘米）－105］×0.9

以体重标准BMI（Body Mass Index）计算：

BMI＝体重（千克）／身高（米）的平方

正常：18.5~22.9

偏重：23~23.9

超重：24~24.9

一级肥胖：25~29.6

二级肥胖：≥30

怎样判断你是水肿还是肥胖？

橡皮筋捆绑法：用橡皮筋发圈套住上臂数分钟，取下后，看痕迹是否很深并且久久不消。

灯照透光法：将手臂向前抬起，跟身体保持垂直，用强力白光手电筒从手臂外侧照射，是否发现手臂内侧也变得很透明。

如果你的答案是"YES"，那么你是容易瘦手臂的水肿一族，只要改善生活习惯，加速手臂的血液循环，加快身体的新陈代谢，会很容易瘦下来。

课后思考

判断题

1. 用毛巾擦脸时，应该大力地擦干。 （ ）
2. 卸妆的第一步是卸掉睫毛膏。 （ ）
3. 可以戴着隐形眼镜卸妆洗脸。 （ ）
4. 不管刮风下雨，紫外线是永远存在的。 （ ）
5. 化妆品等油性污垢可以用水完全清除。 （ ）
6. 卸妆时轻柔的动作可以避免拉扯皮肤而产生细纹。 （ ）
7. 每天早上空腹喝一杯白开水，有助于血液循环，防止便秘。 （ ）
8. 每天紫外线最强烈的时间是上午十点到下午三点。 （ ）
9. 晚上七点后应避免喝水，晚上喝水第二天眼睛会浮肿。 （ ）

想一想

夕瑶的日记里有很多都是美容美体的小窍门，请分别找出五个，写下来。

_____

_____

_____

_____

_____

_____

试一试

选取一个书上介绍的小窍门，在自己身上试一下效果，并且把过程写下来。

我的美容心得：

_____

_____

_____

_____

_____

任务二 了解美容从业人员

教师节前后，学校里多了来看望老师的学姐，她们有的已经成为影楼里的化妆师，有的自己创业当起了美容院的店长，还有的加入了世界500强的化妆品企业。夕瑶看到这些事业有成的学姐好生羡慕，但她却对自己的未来感到迷茫，美容业有这么多从业人员，他们的工作重点是什么？职责范围在哪里？又需要哪些专业素养呢？

一、美容师

美容师是指通过按摩、敷面、使用仪器等美容手段为他人进行美化修饰面部和身体的专业从业人员。

美容师是创造美的职业。在发达国家，美容师受到了极大的推崇。在我国，美容师是首批被纳入《中华人民共和国工种分类目录》的职业之一，就业空间巨大，发展前景广阔。成长为一名职业美容师，不仅可以提升自我气质，而且可以发挥创造力，拥有可以为之奋斗一生的事业。

美容师职业道德具体包括以下几个方面。

1. 严格遵守国家法律法规和美容院的规章制度。

2. 团结合作，服从主管领导。

3. 保持积极良好的工作状态。

4. 每天提前到岗并且做好准备工作，不能让顾客等候。

5. 尊重顾客的选择。

6. 尊重顾客的风俗习惯。

7. 操作时，和顾客保持必要的沟通，确保顾客的人身安全。

8. 当替顾客保管物品时，确保顾客财产安全。

9. 规范使用美容仪器和美容设施。

10. 合理使用美容用品。

11. 注意自身卫生，勤洗澡，勤换衣。

12. 举止得体，谈吐大方。

美容师的形象要求：

美容师的形象整体应美观大方，这样不仅能提升信誉度，而且可以传达美的信息。作为一名专业美容师，树立起自己的专业形象十分重要。

1. 仪容仪表整洁，面部皮肤洁净，肤色自然健康，化妆清新自然，切忌浓妆艳抹，平时注意肌肤保养。

2. 发型整洁大方，勤洗头，不得有异味，工作中应以束发示人。

3. 口气清新，注意牙齿健康，工作前不吃有气味的食物。

4. 手部不能留长指甲，涂抹指甲油。

5. 服装统一，干净整洁，操作时应当戴干净的口罩。

6. 可以少量使用淡雅的香水。

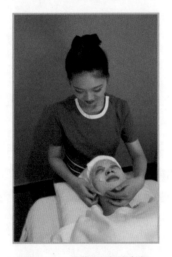　

图4-2-1 操作时的美容师　　　　图4-2-2 接待顾客时的美容师形象

 任务拓展

任务情境

小A是班里的技术尖子，实习期间如愿进入一家大型美容机构，由于勤学好问，很快担任了美容师一职。但是她有一次却被顾客拒绝服务，原因是她手上长了大面积的冻疮，令人感到非常不适。店长严厉批评了小A，说她没有职业道德。小A非常委屈，长冻疮难道就没有职业道德吗？

分析

1. 有句话叫"服务行业无小事"。也许对普通人来说，手上的冻疮是冬季的小插曲。但对美容师来说，保养出一双干净柔软、适合操作的手是工作前的重要准备之一。

2. 美容师不仅代表了自身形象，而且代表了所在企业甚至是整个美容行业的形象。手上的冻疮不仅不雅观，而且有传播病菌的危险。无视冻疮的确是一个不尊重自己、不尊重顾客的行为。

任务要求

如果你是小A，遇到这样的情况，该如何处理？

任务实施

面对顾客，我会说_____

_____。

面对领导，我会说_____

_____。

例文

面对顾客，我会说："对不起，这几天天气太冷了，我的冻疮又犯了，要是手上的硬皮弄疼您就不好了，今天我帮您推荐另一位美容师为您护理可以吗？"

面对领导，我会说："对不起，领导，我怕冻疮吓到顾客，这几天我能做前台预约吗？等我冻疮好了我会把工作量补起来的。"

二、化妆师

化妆师是具有一定的艺术造诣、美学素养、绘画基础，能够掌握并熟练地运用化妆技法和技巧，对人体和面部进行修饰矫正，使之更接近审美观的职业。

化妆师所从事的工作，实际上是对美的一种表达，对美的一种创造。化妆不仅是一门技术，而且是一种造型艺术。化妆师的职责是为大众塑造完美的形象，因此必须具备高度的责任感，服务热情周到，重视化妆质量，不能有丝毫的懈怠，并能与顾客进行有效的沟通，最后完成既能让顾客满意，又符合大众审美的作品。

化妆师的职业道德具体表现在以下几个方面。

1. 严格遵守国家法律法规。

2. 团结合作，服从主管领导。

3. 保持积极良好的工作状态。

4. 每天提前到岗并且做好准备工作，不让顾客等候。

5. 尊重顾客的选择。

6. 尊重顾客的风俗习惯。

7. 操作时，和顾客保持必要的沟通，以便完成令顾客满意的作品。

8. 注意自身卫生，勤洗澡，勤换衣。

9. 举止得体，谈吐大方。

10. 不以获取利润为目的。

11. 使用礼貌用语，态度恭敬诚恳。

图4-2-3　工作状态中的化妆师

化妆师的形象要求：

化妆师的形象不仅包括化妆师的外在形象，而且包括化妆师的职业道德等内在素养。规范得体的形象会为化妆师带来意想不到的附加值，因此，树立起自己的专业形象十分重要。

1. 仪容仪表整洁。

2. 妆容淡雅适宜，化妆师的妆面可以说是自身的"广告"，切忌工作时素面朝天或浓妆艳抹。

3. 发型整洁大方，勤洗头，不得有异味，工作中应以束发示人，过于凌乱和怪异的发型会妨碍视线，尤其不能涂抹过多的头发定型类产品，以免给人

"油头粉面"的印象。

4. 口气清新，注意牙齿健康，工作前不吃有气味的食物。

5. 手部不能留长指甲，涂抹指甲油，以免划伤顾客皮肤，平时要多注意手部护理。

6. 着装应简洁但具有职业化特点，可以适当体现服装潮流，尤其不能佩戴夸张复杂的配饰，服装款式不限，但要以方便工作为准则。

 **任务拓展**

任务情境

小B是个活泼开朗的孩子，走到哪里都能和大家打成一片。今天她接待了一个拍婚纱照的顾客，化完妆后顾客很满意，但是小B在工作结束后跟同事说笑："刚才那个顾客眼睛那么小，嘴巴那么大，费了好大劲才化好。"不巧这句话被返回拿包的顾客本人听到了，大为恼火，直接找到了影楼领导投诉她的服务态度。结果是，小B向顾客当面赔礼道歉，并且被扣了当月的奖金。

分析

1. 服务态度贯穿整个服务流程。影楼化妆师的服务不是在完成妆面时结束，而是在顾客离店时结束。后续工作还包括给顾客卸妆，送顾客出门等常规服务。小B在服务未完成时就放松自己，说出不礼貌的话，说明她的服务意识很弱。

2. 在公众场合，肆意评论他人是一种极不礼貌的行为。化妆师是一个对自身素养要求很高的职业，职业素养当然包括了基本的礼貌。

任务要求

如果你是小B，在接待这类顾客时，该如何处理？

任务实施

在接待时，我会＿＿＿＿＿＿＿＿＿＿＿＿＿＿＿＿＿＿＿＿＿＿＿＿＿

＿＿＿＿＿＿＿＿＿＿＿＿＿＿＿＿＿＿＿＿。

在化妆时，我会＿＿＿＿＿＿＿＿＿＿＿＿＿＿＿＿＿＿＿＿＿＿＿＿＿

＿＿＿＿＿＿＿＿＿＿＿＿＿＿＿＿＿＿＿＿。

在送客时，我会＿＿＿＿＿＿＿＿＿＿＿＿＿＿＿＿＿＿＿＿＿＿＿＿＿

＿＿＿＿＿＿＿＿＿＿＿＿＿＿＿＿＿＿＿＿。

例文

在接待时，我会观察顾客的面部特点，分析她五官脸型上的优劣。

在化妆时，我会通过化妆技巧来扬长避短，尽量凸显她面部的优点，全心全意地为她打造最适合的造型。

在送客时，我会真诚地询问顾客的意见，并且礼貌地送出店门。

三、化妆品导购

化妆品导购是指具有一定的化妆品知识和沟通能力，掌握化妆品正确的使用方法，给顾客合理的美容化妆建议的专职化妆品销售人员。

现在随着人们美容意识的提高，各种家用护肤品和化妆品已经走进了千家万户，顾客不了解自己的皮肤性质就很容易挑选错误的化妆品，这时，化妆品导购这个职业就应运而生，成为美容业的后起之秀。

化妆品导购的职业道德具体表现在以下几个方面。

1. 严格遵守国家法律法规和所在商场的规章制度。

2. 团结合作，服从主管领导（包括商场领导）。

3. 保持积极良好的工作状态，精神饱满。

4. 不以顾客的购买能力大小而区别对待顾客，不在背后议论顾客。

5. 尊重顾客的选择。

6. 尊重顾客的风俗习惯。

7. 不能夸大产品的功效。

8. 注意自身卫生，勤洗澡，勤换衣。

9. 举止得体，谈吐大方。

10. 教授顾客产品的使用方法时循循善诱，不厌其烦。

11. 使用礼貌用语，态度恭敬诚恳。

化妆品导购的形象要求：

化妆品导购的形象代表着品牌形象，直接关系到品牌信誉，因此树立起自己的专业形象是十分重要的。

1. 仪容仪表整洁。

2. 妆容淡雅适宜，如若所销售的产品为护肤品，化妆应突出皮肤的良好质感和光泽，如若销售产品为彩妆，则应使用本品牌的彩妆。

3. 发型整洁大方，勤洗头，不得有异味，工作中的发型以盘发为主，符合品牌形象。

4. 口气清新，注意牙齿健康，工作前不吃有气味的食物。

5. 手部不能留长指甲，涂抹指甲油，以免划伤顾客皮肤，平时要多注意手部护理。

6. 着装为品牌工作服，不可搭配夸张的配饰，如体积巨大的挂件，形状夸张的耳饰，以免喧宾夺主。注意服装细节，如果工作服为裙装，所搭配的丝袜以肉色为主，丝袜上不能有破洞和毛球。

7. 为了展现挺拔的身姿，一定要穿中跟鞋。

 **任务拓展**

任务情境

小C已经在某品牌化妆品柜台工作三年了。她自身形象不错，也能说会道，但是销售业绩却从来没有拿到过第一。原来她认为一些衣着朴素的顾客没有购买能力，接待时态度很敷衍。而柜长面对所有顾客都笑脸相迎，接待顾客，给顾客试用，包括讲解产品的功效，越来越多的顾客围在柜长身边，只剩小C在一旁黯然神伤。

分析

1. 诚然，每个顾客的购买能力是不同的，正因如此，每个品牌才有不同价位的护肤品。如果直接放弃了购买能力不高的顾客，也就间接放弃了自己的销售工作。

2. 服务态度不是只要使用礼貌用语就可以了，更多的时候是通过肢体语言和主动谈话来体现的。即使小C在接待顾客时没有表现出不尊重的意思，但表情和语调依旧会流露出冷淡和不屑，这是服务行业的大忌。

任务要求

如果你是小C，面对不同消费能力的顾客，你会怎么做？

任务实施

面对消费能力高的顾客，我会＿＿＿＿＿＿＿＿＿＿＿＿＿＿＿＿＿＿

＿＿＿＿＿＿＿＿＿＿＿＿＿＿＿＿＿＿＿＿＿＿。

面对消费能力低的顾客，我会＿＿＿＿＿＿＿＿＿＿＿＿＿＿＿＿＿＿

＿＿＿＿＿＿＿＿＿＿＿＿＿＿＿＿＿＿＿＿＿＿。

例文

面对消费能力高的顾客,我会为她们树立正确的护肤观念,根据她们的自身状况订制护肤方案,只选对的,不选贵的,久而久之就会得到顾客的信任和认可。

面对消费能力低的顾客,我会引导她们了解美容护肤,并且让她们体验产品的功效,之后再推荐一些价位不高的产品,循序渐进地引导消费。

图4-2-4 化妆品导购

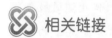 相关链接

化妆品销售技巧

1. 真正诚恳地关心别人或顾客才是营销的真谛。要善于分析、判断顾客的性格和心理变化,像卡耐基说的:"知道别人心里想什么的人永远不用担心未来。"写文章要有题眼,交流同样要有切入点,能否找到这个切入点是营销水平的问题。

2. 要善于称赞别人,林肯说:"每一个人都喜欢被赞美。"要养成赞美别人的习惯,赞美别人要让别人知道,要发自内心,实事求是。

3. 顾客不是我们逞强斗智的对象,争辩是双输的策略。

4. 永远保持主动。

5. 人们获取的信息55%来源于对方的肢体语言,38%来源于对方的语音语调，7%来源于对方的遣词造句，要细心观察顾客，搜集有用的信息。

6. 所有有效沟通的基础是互相尊重。

美容师、化妆师、化妆品导购的区别

职 业	美容师	化妆师	化妆品导购
工作场所	美容院	影楼、形象设计工作	各大卖场的化妆品专柜
工作重点	皮肤护理	修饰面容，美化外观	为顾客提供适合的产品和美容建议
所需素养	美容手法	化妆技巧，美术功底	营销话术

 **重点突破**

美容业从业者的化妆要求与步骤

美容业从业者不论是前台接待还是美容师、化妆师，都需要展现出健康、亲切、优雅的形象，良好得体的外在形象不仅是自我修养的体现，而且是企业的"活广告"，因此在面部化妆中要重点表现清透的肌肤、温柔的眼神、精致的轮廓，进而打造出温柔可人、落落大方的职业造型。

美容从业者化妆要求与步骤

	步骤	技术要点	图片	温馨提示
1	妆前护肤	清洁脸部后涂抹妆前乳或润肤露，户外作业需涂抹防晒霜	图4-2-5	干性皮肤选择保湿性能较高的润肤乳，油性皮肤选择可使毛孔隐形的妆前打底霜
2	涂抹粉底	用湿海绵取粉底液涂抹全脸，注意与脖子的衔接处也要涂抹到	图4-2-6	粉底液颜色比本来肤色浅一度即可，不需要追求雪白的皮肤，以自然清透为主

	步骤	技术要点	图片	温馨提示
3	遮瑕	重点遮住黑眼圈，展现神采奕奕的双眼	图4-2-7	红色痘痘用绿色遮瑕膏
4	定妆	用散粉扫全脸，额头和鼻尖等容易出油的地方可以用粉扑按压	图4-2-8	干性皮肤可以使用定妆喷雾
5	眉毛	棕色眉笔描画出自然眉形	图4-2-9	眉形需搭配脸型
6	眼睛	大地色眼影搭配深棕色眼线，使眼神更温柔	图4-2-10	眼线拉平即可，不需要过于上挑或下垂

续表

步骤	技术要点	图片	温馨提示
7	腮红及口红	用深浅两种颜色打造立体唇形，技术精进者可以在 嘴角加深，打造最佳上翘的"微笑唇"，使笑容更甜美	图4-2-11	腮红及口红颜色可以统一，珊瑚红和奶油橘的色号最佳，如工作服为红色也可选择更浓的颜色

 探索拓展

1. 请三组同学分别模拟美容院、影楼、化妆品专柜的工作场景。
2. 课后去化妆品专柜参观，并写一份研究型报告。

 课后思考

判断题

1. 如果没有客人，美容师上班迟到也没有关系。　　　　　　　（　　）
2. 为了表现自己的皮肤状况，美容师可以素颜示人。　　　　　（　　）
3. 化妆师可以边吃口香糖边和顾客沟通。　　　　　　　　　　（　　）
4. 化妆品导购可以穿平底鞋，佩戴领巾上班。　　　　　　　　（　　）
5. 为了自己的销售额，化妆品导购可以任意夸大产品功效。　　（　　）

想一想

A. 同学a文静，对美术很感兴趣，对色彩、线条都有很强的领悟能力。

B. 同学b能力和记忆力都很强，对老师示范的动作过目不忘，并且手掌温厚敦实，整个人看起来温柔可亲。

C. 同学c对化妆兴趣一般，但是思路敏捷，应变能力强，具有极强的亲和力和沟通能力。

请你为她们三人找到适合的美容职业，并说出理由。

_____

_____

我的美容心得：

_____

_____

任务三 了解美容从业人员职业能力标准

夕瑶在美容操作考试中得了90分，她在高兴之余又有了一个新问题："如果真的要走上美容师的专业道路，我得去参加哪些考试，又必须达到哪些标准呢？"

一、美容师职业能力标准

根据现行美容师职业标准，美容师可以分成初级工、中级工、高级工、技师、高级技师五个级别。

重点突破

美容师国家职业技能标准（2018年版本）

说　明

为规范从业者的从业行为，引导职业教育培训的方向，为职业技能鉴定提供依据，依据《中华人民共和国劳动法》，适应经济社会发展和科技进步的客观需要，立足培育工匠精神和精益求精的敬业风气，人力资源社会保障部组织有关专家，制定了《美容师国家职业技能标准》（以下简称《标准》）。

一、本《标准》以《中华人民共和国职业分类大典（2015年版）》为依据，严格按照《国家职业技能标准编制技术规程（2018年版）》有关要求，以"职业活动为导向、职业技能为核心"为指导思想。对美容师从业人员的职业活动内容进行规范细致描述，对各等级从业者的技能水平和理论知识水平进行了明确规定。

二、本《标准》依据有关规定将本职业分为五级/初级工、四级/中级工、三级/高级工、二级/技师和一级/高级技师五个等级，包括职业概况、基本要求、工作要求和权重表四个方面的内容。本次修订内容主要有以下变化：

——四级／中级工增加足部护理；

——三级／高级工增加烫睫修饰；

——二级／技师增加面部拨筋护理；

——一级／高级技师增加彩绘修饰。

三、本《标准》起草单位为上海美发美容行业协会。主要起草人有：张文英、张晓燕、蒋晓梅、陈文香、周典。

四、本《标准》主要审定单位有：人力资源和社会保障部职业技能鉴定中心、上海市职业技能鉴定中心。审定人员有：尹哲芳、程敏、钱琛颉、刘莉莉、杨韵、王小兵。

五、本《标准》在制定过程中，得到浙江省美发美容行业协会、湖南省职业技能鉴定中心、北京市美发美容行业协会、大连市美发美容行业总会、哈尔滨市美发美容化妆品协会、重庆蒙妮坦形象设计学院、上海市市北职业高级中学、人力资源和社会保障部职业技能鉴定中心等有关单位的指导和大力支持，在此一并感谢。

六、本《标准》业经人力资源和社会保障部批准，自公布之日起施行。

美容师

国家职业技能标准

1. 职业概况

1.1 职业名称

美容师

1.2 职业编码

4-10-03-01

1.3 职业定义

从事顾客面部护理、身体护理和美化修饰容颜的人员。

1.4 职业技能等级

本职业共设五个等级，分别为：五级／初级工、四级／中级工、三级／高级工、二级／技师、一级／高级技师。

1.5 职业环境条件

室内、常温。

1.6 职业能力特征

具有一定学习和计算能力；具有一定空间感和形体知觉；具有一定观察、判断、沟通表达能力；手指、手臂灵活，动作协调。

1.7　普通受教育程度

初中毕业（或相当文化程度）。

1.8　职业技能鉴定要求

1.8.1　申报条件

具备以下条件之一者。可申报五级／初级工：

（1）累计从事本职业工作1年（含）以上。

（2）本职业学徒期满。

具备以下条件之一者，可申报四级／中级工：

（1）取得本职业五级／初级工职业资格证书（技能等级证书）后。累计从事本职业工作4年（含）以上。

（2）累计从事本职业工作6年（含）以上。

（3）取得技工学校本专业或相关专业①毕业证书（含尚未取得毕业证书的在校应届毕业生）；或取得经评估认证、以中级技能为培养目标的中等及以上职业学校本专业或相关专业毕业证书（含尚未取得毕业证书的在校应届毕业生）。

具备以下条件之一者，可申报三级／高级工：

（1）取得本职业四级／中级工职业资格证书（技能等级证书）后，累计从事本职业工作5年（含）以上。

（2）取得本职业四级／中级工职业资格证书（技能等级证书），并具有高级技工学校、技师学院毕业证书（含尚未取得毕业证书的在校应届毕业生）；或取得本职业四级／中级工职业资格证书（技能等级证书），并具有经评估认证、以高级技能为培养目标的高等职业学校本专业或相关专业毕业证书（含尚未取得毕业证书的在校应届毕业生）。

（3）具有大专及以上本专业或相关专业毕业证书，并取得本职业四级/中级工职业资格证书（技能等级证书）后，累计从事本职业工作2年（含）以上。

具备以下条件之一者，可申报二级／技师：

（1）取得本职业三级／高级工职业资格证书（技能等级证书）后，累计从事本职业工作4年（含）以上。

（2）取得本职业三级／高级工职业资格证书（技能等级证书）的高级技工学校、技师学院毕业生，累计从事本职业工作3年（含）以上；或取得本职业预备技师证书的技师学院毕业生，累计从事本职业工作2年（含）以上。

具备以下条件者，可申报一级/高级技师：

①本专业和相关专业：美容美体、服装与化妆造型、舞美、美容护理、美容养生、医疗美容、人物形象设计、美容美发形象设计等，下同。

取得本职业二级／技师职业资格证书（技能等级证书）后，累计从事本职业工作4年（含）以上。

1.8.2　鉴定方式

分为理论知识考试、技能考核以及综合评审。理论知识考试以笔试、机考等方式为主，主要考核从业人员从事本职业应掌握的基本要求和相关知识要求；技能考核主要采用现场操作、模拟操作等方式进行，主要考核从业人员从事本职业应具备的技能水平；综合评审主要针对技师和高级技师，通常采取审阅申报材料、答辩等方式进行全面评议和审查。

理论知识考试、技能考核和综合评审均实行百分制，成绩皆达60分（含）以上者为合格。

1.8.3　监考人员、考评人员与考生配比

理论知识考试中的监考人员与考生配比不低于1∶15，且每个考场不少于2名监考人员；技能考核中的考评人员与考生配比不低于1∶5，且考评人员为3人（含）以上单数；综合评审委员为3人（含）以上单数。

1.8.4　鉴定时间

理论知识考试时间不少于90 min。技能考核时间：五级／初级工不少于100 min，四级／中级工不少于180 min，三级／高级工不少于180 min，二级／技师不少于180 min，一级／高级技师不少于180 min。综合评审时间不少于30 min。

1.8.5　鉴定场所设备

理论知识考试在标准教室进行；技能考核在具有必要的美容床、美容凳、化妆台、化妆镜（正前上方有日光灯）、化妆椅、喷雾仪、真空吸啜仪、阴阳电离子仪、超声波仪等设施、设备及相关工具的实操场所进行。

2.　基本要求

2.1　职业道德

2.1.1　职业道德基本知识

2.1.2　职业守则

（1）遵纪守法，遵守行业规范。

（2）爱岗敬业，诚实守信。

（3）礼貌待客，服务专业。

（4）着装整洁，环境有序。

（5）安全操作，爱护仪器设备。

（6）努力学习，刻苦钻研，团结协作。

（7）坚持匠心，精益求精。

2.2　基础知识

2.2.1　美容发展简史

（1）美容的定义。

（2）美容的起源。

（3）世界美容发展简史。

（4）中国现代美容发展简史。

（5）现代医学美容简况。

2.2.2　人体生理常识

（1）细胞常识。

（2）人体基本组织常识。

（3）人体器官及系统常识。

2.2.3　人体皮肤

（1）人体皮肤结构。

（2）人体皮肤生理功能及动态变化。

（3）常见皮肤类型及特点。

2.2.4　素描与色彩

（1）素描基础知识。

（2）色彩的分类与基本表现方法。

（3）绘画基础知识。

2.2.5　美容化妆品

（1）化妆品的定义。

（2）化妆品原料基础知识。

（3）化妆品的分类、主要成分、特点。

（4）化妆品使用的安全常识。

2.2.6　美容院卫生消毒与安全

（1）微生物常识。

（2）美容院卫生要求。

（3）美容院常用消毒方法。

（4）美容院安全防火常识。

2.2.7　美容师职业形象

（1）美容师的仪表要求。

（2）美容师的仪态要求。

（3）美容师的语言要求。

2.2.8　顾客心理学

（1）心理学定义。

（2）顾客一般心理过程。

（3）顾客个性心理。

（4）常见顾客心理分析。

2.2.9　相关法律、法规知识

（1）《中华人民共和国劳动法》相关知识。

（2）《中华人民共和国劳动合同法》相关知识。

（3）《中华人民共和国消费者权益保护法》相关知识。

（4）《公共场所卫生管理条例》相关知识。

3.　工作要求

本标准对五级／初级工、四级／中级工、三级／高级工、二级／技师和一级／高级技师的技能要求和相关知识要求依次递进，高级别涵盖低级别的要求。

3.1　五级／初级工

职业功能	工作内容	技能要求	相关知识
1. 接待与咨询	1.1 接待	1.1.1 能使用礼貌用语及得体方式迎送顾客 1.1.2 能引领顾客进入美容护理区	1.1.1 接待顾客的基本程序 1.1.2 接待顾客的基本要求
	1.2 咨询	1.2.1 能为顾客介绍基础美容服务项目及服务内容 1.2.2 能填写顾客资料登记表	1.2.1 基础美容服务项目分类及主要服务内容 1.2.2 顾客资料登记表的主要内容
2. 护理美容	2.1 面部护理前的准备	2.1.1 能按面部护理方案准备相关仪器、用品用具 2.1.2 能完成面部护理操作前的卫生消毒工作	2.1.1 面部护理常规仪器、用品用具的分类及基本功能 2.1.2 面部护理前的消毒卫生要求 2.1.3 面部护理前准备工作的程序和要求

续表

职业功能	工作内容	技能要求	相关知识
2.护理美容	2.2 面部清洁	2.2.1 能进行面部卸妆 2.2.2 能清洁面部皮肤 2.2.3 能去除面部老化角质	2.2.1 面部卸妆的操作要求 2.2.2 面部卸妆用品的类型及作用 2.2.3 面部清洁用品的类型及作用 2.2.4 面部去角质的操作要求及作用
	2.3 面部护理	2.3.1 能使用奥桑（OZME）喷雾仪对面部皮肤进行喷雾 2.3.2 能对面部皮肤进行基础按摩 2.3.3 能敷面膜 2.3.4 能涂抹面部护肤品	2.3.1 奥桑（OZME）喷雾仪的操作要求及功效 2.3.2 面部按摩的操作要求及功效 2.3.3 面部按摩的常用穴位 2.3.4 面膜的种类和功效 2.3.5 敷面膜的操作要求 2.3.6 面部护肤品的类型及作用
3.修饰美容	3.1 脱毛	3.1.1 能选用适宜的脱毛用品用具 3.1.2 能对需脱毛部位进行清洁 3.1.3 能对眉部、唇周、四肢及腋下等部位进行暂时性脱毛	3.1.1 人体毛发的基本生理知识 3.1.2 脱毛的基本原理 3.1.3 暂时性脱毛用品用具的种类及作用 3.1.4 脱毛的程序和操作要求
	3.2 烫睫毛	3.2.1 能根据顾客眼形及睫毛长短选择适宜的卷杠及相关用品用具 3.2.2 能清洁眼部皮肤及睫毛 3.2.3 能烫睫毛 3.2.4 能进行烫睫毛后的整理工作	3.2.1 烫睫毛的基本原理 3.2.2 烫睫毛用品用具的种类及使用 3.2.3 烫睫毛的程序及操作要求 3.2.4 烫睫毛的禁忌及注意事项
	3.3 化日妆	3.3.1 能选用日妆所需的化妆用品用具 3.3.2 能化基面妆 3.3.3 能化基点妆	3.3.1 日妆的常见类型 3.3.2 日妆造型的特点 3.3.3 日妆用品用具的种类及作用

3.2　四级／中级工

职业功能	工作内容	技能要求	相关知识
1.接待与咨询	1.1 接待	1.1.1 能用肉眼观察顾客皮肤的基本状况 1.1.2 能用皮肤检测仪器检测皮肤 1.1.3 能填写顾客皮肤分析表，判断皮肤存在的问题	1.1.1 老化、痤疮、色斑、敏感等皮肤问题的类型及特点 1.1.2 皮肤检测仪器的种类、作用及操作要求 1.1.3 顾客皮肤分析表的基本内容
	1.2 咨询	1.2.1 能根据皮肤分析结果制订面部护理方案 1.2.2 能根据面部护理方案选择护理用品用具	1.2.1 面部护理方案包含的主要内容 1.2.2 面部护理方案制订程序
2.护理美容	2.1 面部护理	2.1.1 能运用穴位按摩手法进行头面部美容按摩 2.1.2 能使用真空吸噏仪、阴阳电离子仪、超声波仪等美容仪器进行面部护理 2.1.3 能调敷软膜和硬膜	2.1.1 老化、痤疮、色斑、敏感等常见皮肤问题的特征、成因及护理要求 2.1.2 黑眼圈、眼袋、鱼尾纹等眼部和唇部常见问题的特征、成因及护理要求 2.1.3 头面部美容按摩中常用的穴位及相应按摩功效 2.1.4 真空吸噏仪、阴阳电离子仪、超声波仪等美容仪器的操作要求及功效 2.1.5 面膜调制知识
	2.2 手、足部护理	2.2.1 能清洁手、足部 2.2.2 能去除手、足部老化角质 2.2.3 能对手、足部进行按摩护理 2.2.4 能对手、足部指甲进行基础保养	2.2.1 手、足部护理要求 2.2.2 手、足部指甲基础保养的操作要求
	2.3 肩、颈部护理	2.3.1 能清洁肩、颈部 2.3.2 能按摩护理肩、颈部	2.3.1 肩、颈部护理要求 2.3.2 肩、颈部按摩操作要求

续表

职业功能	工作内容	技能要求	相关知识
3. 修饰美容	3.1 美甲	3.1.1 能对指甲进行清洁 3.1.2 能根据指甲外形特点对指甲进行修整 3.1.3 能对指甲表面进行抛光 3.1.4 能涂指甲油	3.1.1 指甲的生理结构 3.1.2 指甲修整的操作要求 3.1.3 指甲表面抛光的操作要求 3.1.4 美甲设备及用品用具的分类与使用要求
	3.2 化职业妆	3.2.1 能根据职业特点确定顾客的妆面要求 3.2.2 能根据妆面要求采用不同的工具、色彩和线条化职业妆	3.2.1 不同职业的妆面特点 3.2.2 化职业妆的方法及操作要求 3.2.3 化妆中的色彩、光色基本知识

3.3 三级／高级工

职业功能	工作内容	技能要求	相关知识
1. 接待与咨询	1.1 接待	1.1.1 能通过观察、交流判断顾客美容消费类型 1.1.2 能根据顾客的心理需求接待顾客并推荐美容服务项目及护肤品	1.1.1 顾客消费类型及特点 1.1.2 美容服务项目和护肤品的种类及特点
	1.2 咨询	1.2.1 能为顾客提供营养和美容建议 1.2.2 能为顾客提供居家护理指导	1.2.1 营养和美容的主要内容及作用 1.2.2 居家护理的主要内容及作用
2. 护理美容	2.1 疑难皮肤问题处理	2.1.1 能识别扁平疣、银屑病、脂溢性皮炎、日光性皮炎、汗管瘤等疑难皮肤问题 2.1.2 能针对疑难皮肤问题制订护理方案	2.1.1 扁平疣、银屑病、脂溢性皮炎、日光性皮炎、汗管瘤等疑难皮肤问题的特点及症状 2.1.2 疑难皮肤问题的护理流程

续表

职业功能	工作内容	技能要求	相关知识
2. 护理美容	2.2 减肥塑身	2.2.1 能对四肢和躯干部进行测量并制订减肥塑身方案 2.2.2 能根据减肥塑身方案选用相关用品用具进行减肥塑身护理	2.2.1 四肢和躯干部测量方法 2.2.2 四肢和躯干部肥胖的成因 2.2.3 减肥塑身护理的主要方式 2.2.4 减肥塑身按摩的操作要求及作用 2.2.5 电子减肥仪、振动减肥仪等减肥塑身仪器的作用及操作要求 2.2.6 减肥塑身用品的功效
	2.3 美胸	2.3.1 能对胸部进行测量并制订美胸方案 2.3.2 能选用胸部护理所需设备及用品用具 2.3.3 能运用胸部按摩手法及相关仪器对胸部进行护理	2.3.1 乳房生理知识 2.3.2 美胸用品的分类及作用 2.3.3 美胸护理的操作方式及功效 2.3.4 微电脑美胸仪等仪器设备的作用及操作要求 2.3.5 胸部按摩的操作要求
	2.4 水疗	2.4.1 能根据顾客的身体状况选择水疗（SPA）项目 2.4.2 能使用相关设施、设备进行水疗（SPA）护理	2.4.1 水疗（SPA）项目的类型、特点及功效 2.4.2 水疗（SPA）护理设施、设备的使用要求及作用 2.4.3 水疗（SPA）护理操作程序及要求
3. 修饰美容	3.1 新娘妆整体造型设计	3.1.1 能根据时间、地点、场合设计相应的新娘妆整体造型 3.1.2 能根据整体造型的要求完成新娘妆的发型、服饰搭配	3.1.1 新娘妆的造型特点 3.1.2 新娘妆的发饰和婚纱类型及特点

美容
基础

职业功能	工作内容	技能要求	相关知识
3.修饰美容	3.2 化新娘妆	3.2.1 能准备新娘妆用品用具 3.2.2 能根据妆面要求采用不同的工具、色彩和线条完成新娘妆	3.2.1 新娘妆的化妆方法及要求 3.2.2 色彩在化妆造型中的应用 3.2.3 光色与妆色的关系
	3.3 接睫毛	3.3.1 能根据顾客眼形及睫毛长短选择适宜的假睫毛及相关用品用具 3.3.2 能进行接睫毛前的准备 3.3.3 能接睫毛 3.3.4 能进行接睫毛后的整理	3.3.1 接睫毛的基本原理 3.3.2 接睫毛用品用具的种类及使用 3.3.3 接睫毛的程序及操作要求 3.3.4 接睫毛的禁忌及注意事项

3.4 二级/技师

职业功能	工作内容	技能要求	相关知识
1.护理美容	1.1 面部芳香护理	1.1.1 能根据面部皮肤情况选用芳香精油 1.1.2 能按芳香护理程序，运用淋巴引流技法进行面部按摩及护理	1.1.1 芳香精油的类型、特点及功效 1.1.2 芳香精油的调配方式及程序 1.1.3 面部芳香护理的操作程序、作用及操作要求 1.1.4 淋巴系统基础知识 1.1.5 面部淋巴引流的作用及操作要求
	1.2 面部刮痧	1.2.1 能根据面部皮肤情况选用刮痧用品用具 1.2.2 能按面部刮痧护理程序，运用刮痧技法对面部进行刮拭及护理	1.2.1 面部刮痧的功效 1.2.2 刮痧用品用具的分类及作用 1.2.3 面部刮痧护理程序及操作要求

续表

职业功能	工作内容	技能要求	相关知识
1. 护理美容	1.3 面部拨筋	1.3.1 能根据面部皮肤情况选择面部拨筋用品用具 1.3.2 能按面部拨筋护理程序，运用拨筋技法对面部进行护理	1.3.1 面部拨筋的功效 1.3.2 面部拨筋用品用具的分类及作用 1.3.3 面部常用穴位及面部反射区的定位 1.3.4 面部拨筋护理程序及操作要求
	1.4 身体芳香护理	1.4.1 能根据身体情况选用芳香精油 1.4.2 能运用淋巴引流技法和经穴按摩技法进行身体护理	1.4.1 身体淋巴引流的功效及操作要求 1.4.2 身体经穴按摩的功效及操作要求
2. 修饰美容	2.1 色彩测试与搭配	2.1.1 能使用色彩测试用品用具对顾客进行色彩类型测试 2.1.2 能根据顾客色彩类型进行日常着装及化妆用色指导	2.1.1 色彩测试用品用具的类型和作用 2.1.2 色彩测试的方法和操作程序 2.1.3 色彩类型的特征及用色原则
	2.2 化晚宴妆	2.2.1 能根据主题进行晚宴妆的整体造型设计 2.2.2 能根据顾客的皮肤、脸型、五官等特点化晚宴妆 2.2.3 能完成晚宴妆的发饰、服饰搭配	2.2.1 晚宴妆的种类、特点及应用场合 2.2.2 晚宴妆发饰的种类及搭配原则 2.2.3 晚宴妆服饰的种类及搭配原则
3. 技术管理与培训指导	3.1 培训指导	3.1.1 能编制三级／高级工及以下级别人员的培训教案 3.1.2 能对三级／高级工及以下人员级别进行操作技能培训	3.1.1 培训教案的主要内容及编写要求 3.1.2 操作技能训练要点与要求 3.1.3 技术指导的方法及注意事项

续表

职业功能	工作内容	技能要求	相关知识
3. 技术管理与培训指导	3.2 技术管理	3.2.1 能对基础美容服务项目进行质量评估并提出改进建议 3.2.2 能处理店中的消费和营销问题 3.2.3 能进行日常店务管理	3.2.1 基础美容服务项目的质量评估方法 3.2.2 消费心理学和市场营销基础知识 3.2.3 经营成本核算和物品管理知识

3.5　一级/高级技师

职业功能	工作内容	技能要求	相关知识
1. 护理美容	1.1 美容护理项目开发	1.1.1 能开发符合新技术、新产品、新设备的美容项目 1.1.2 能根据新开发的美容项目制定具体操作规范及要求	1.1.1 美容市场发展情况 1.1.2 美容项目创新信息 1.1.3 美容项目开发制定的具体规程
	1.2 美容护理综合方案制订	1.2.1 能根据美容护理方案提出综合处理措施 1.2.2 能根据美容护理方案确定设施、设备、用品用具 1.2.3 能根据美容护理方案要求对员工进行示范性培训	1.2.1 整体美容护理方案的制订方法及要求 1.2.2 整体美容护理方案的现代设施、设备选择原理和依据
2. 修饰美容	2.1 形象分析指导	2.1.1 能运用观察、询问、测试等方式对顾客的体形、脸型、发型、肤色、发色等形象要素做分析 2.1.2 能根据形象要素分析对顾客进行形象定位指导	2.1.1 形象设计的构成要素 2.1.2 形象设计的基本原则 2.1.3 形象设计的主要内容 2.1.4 发型与形象的关系 2.1.5 服饰与形象的关系

续表

职业功能	工作内容	技能要求	相关知识
2. 修饰美容	2.2 创意造型	2.2.1 能根据当代流行趋势进行创意造型 2.2.2 能进行主题创意造型的服装、饰品搭配 2.2.3 能选用适宜的人体彩绘用品用具 2.2.4 能运用人体彩绘技法对身体进行修饰、美化	2.2.1 国内外创意造型流行信息 2.2.2 色彩搭配知识 2.2.3 服装、饰品的流行动态 2.2.4 人体彩绘用品用具知识 2.2.5 人体彩绘的基本操作程序及技法
3. 技术管理与培训管理	3.1 培训指导	3.1.1 能编制员工培训计划及大纲 3.1.2 能对二级／技师及以下级别人员进行技术指导	3.1.1 培训计划及大纲的编制方法和要求 3.1.2 二级／技师及以下级别人员培训技术理论及管理要点
	3.2 技术管理	3.2.1 能拟定美容院服务规范、服务流程及质量评估方案 3.2.2 能分析市场动态，提出创新管理建议	3.2.1 美容院服务规范、流程的拟定方法 3.2.2 美容企业质量评估的方法及相关知识

4 权重表

4.1 理论知识权重表

项目	技能等级	五级／初级工（%）	四级／中级工（%）	三级／高级工（%）	二级／技师（%）	一级／高级技师（%）
基本要求	职业道德	10	5	5	5	5
	基础知识	40	20	15	10	5
相关知识要求	接待与咨询	10	20	20	—	—
	护理美容	30	40	45	45	40
	修饰美容	10	15	15	25	30
	培训指导与技术管理	—	—	—	15	20
合计		100	100	100	100	100

4.2 技能要求权重表

项目 \ 技能等级		五级 / 初级工（%）	四级 / 中级工（%）	三级 / 高级工（%）	二级 / 技师（%）	一级 / 高级技师（%）
技能要求	接待与咨询	10	20	25	—	—
	护理美容	70	60	50	45	30
	修饰美容	20	20	25	25	30
	培训指导与技术管理	—	—	—	30	40
合计		100	100	100	100	100

二、化妆师职业能力标准

化妆师分为初级（国家职业资格五级）、中级（国家职业资格四级）、高级（国家职业资格三级）三个级别。

 **重点突破**

初级化妆师

说明：能基本掌握有关化妆的基本技术，了解常识，服务于社会生活需要；并能帮助更高级的化妆师完成化妆任务。

职业功能	工作内容	技能要求	相关知识
一、化妆	（一）生活淡妆	1. 生活化妆的基本步骤与方法 2. 常用化妆色彩选择与运用 3. 能以自然化妆形态展现不同年龄人群的美及个人气质	1. 脸部美的标准比例与修饰原理 2. 各种脸型的五官特征 3. 化妆品及工具相关知识 4. 不同年龄人群的妆面知识
	（二）宴会妆	1. 对脸型、五官、面部凹凸的矫正能力 2. 丰富的色彩搭配能力 3. 发饰、服饰的协调能力 4. 假睫毛、美目贴的运用能力 5. 呈现个人感性、浪漫、风华的妆面效果	1. 宴会妆型特点与技巧 2. 发饰、服饰搭配知识 3. 假睫毛、美目贴的选择知识

续表

职业功能	工作内容	技能要求	相关知识
一、化妆	（三）婚礼妆	1. 妆面与服饰、发饰的协调能力 2. 有使妆面洁净、牢固性强的能力，及时补妆的能力 3. 传统与流行妆完美融合的能力 4. 妆面清新可人、雅致高贵，五官刻画强调柔美、细致	1. 婚礼风俗特点 2. 婚礼的基本化妆原理 3. 色彩与气氛的关系 4. 妆色、妆型与服饰、发型的整体观念
	（四）生活时尚妆	1. 将固定的化妆模式表现出流行感 2. 妆面运用于生活，有其自然真实性 3. 妆面与服饰、发饰的协调能力	1. 流行动态知识 2. 流行色彩知识 3. 流行化妆品知识
二、绘画	（一）素描	掌握绘画（素描、色彩）基本技能	1. 素描基础知识 2. 素描的表现方法 3. 素描与化妆的关系
	（二）色彩		1. 色彩基本原理 2. 色彩的运用 3. 色彩与化妆的关系

中级化妆师

说明：能掌握较专业的化妆技术，根据更高级的化妆师的要求，完成演出或拍摄的化妆任务。

职业功能	工作内容	技能要求	相关知识
一、表演化妆	（一）模特表演妆	掌握不同风格、用途的模特妆的特点与技巧	1. 模特妆特点 2. 模特妆与服饰的关系 3. 流行色彩的运用

职业功能	工作内容	技能要求	相关知识
一、表演化妆	（二）电视、摄影人像妆	1. 掌握不同类型节目主持人与演出者的妆（新闻类、娱乐类等）的特点与化妆技巧 2. 掌握黑白、彩色摄影人像妆	1. 电视妆特点 2. 不同类型节目的特点 3. 黑白、彩色摄影人像妆的特点 4. 摄影技巧与化妆的关系 5. 灯光与妆色的关系 6. 妆色与服装的搭配
	（三）角色化妆	能依据设计师构思、高级化妆师的要求，运用绘画化妆法从结构、年龄、人种、地域、年代、性格等特征在面部或形体上进行化妆，达到角色的要求	1. 绘画化妆法知识 2. 头部解剖知识 3. 胖瘦特征 4. 年龄特征 5. 种族特征 6. 历史时代特征 7. 个性特征
二、毛发造型	（一）发式造型基本技法	1. 能根据要求运用发饰品及基本技巧完成一般发式的梳理和修饰 2. 能运用染、漂、喷等技术完成色彩造型 3. 常用发式造型工具的选择与使用	1. 发型知识 2. 剪、吹、烫、盘、梳、染、漂等基本知识 3. 假发、发饰品造型知识 4. 发式色彩造型知识
	（二）胡须的制作和使用	1. 毛发直接粘贴 2. 制作胡套粘贴	1. 工具与材料 2. 毛发生长方向 3. 毛发的整理修剪方法 4. 中外毛发式样
	（三）眉毛的制作和使用	制作方法和粘贴技术	
三、绘画	色彩与素描	能简单设计绘制人物形象（肩部以上）	1. 绘画基本知识 2. 头部基本构造 3. 设计稿的表现

高级化妆师

说明：在初、中级化妆师的专业要求的基础上掌握更丰富的专业技术和理论知识，并将技术上升到艺术层面，进行总体艺术形象设计。

职业功能	工作内容	技能要求	相关知识
一、设计	（一）化妆造型设计	1. 能绘制整体人物形象设计图 2. 能撰写或描述设计构思 3. 能根据要求确定妆面，指导完成定妆工作	1. 服装、化妆、发饰简史 2. 有关人物形象设计知识 3. 阅读剧本及根据要求分析人物的能力 4. 设计图绘制知识
	（二）毛发造型设计	1. 掌握中外具有代表性的毛发造型的特点与梳理技巧，有较强的民族性与时代性 2. 掌握现代毛发造型的基本梳理技巧，反映时代气息，符合时尚要求 3. 能根据人物要求设计正确的发型和毛发样式 4. 能指导毛发造型的梳理	1. 中外毛发造型发展简史 2. 中外毛发造型梳理指导知识 3. 毛发造型美学
二、造型化妆	（一）特效化妆	1. 能根据需要制作、配置特效化妆用品 2. 能根据需要完成伤、疤、血、汗、泪、干裂、残疾等特殊效果的修饰	相关材料性能和使用知识
	（二）塑型化妆	能用塑型制品、材料通过雕塑的手段进行立体化妆	1. 雕塑知识 2. 塑型材料知识 3. 塑型制品制作、造型、使用知识

化妆品导购现阶段还没有相应的职业标准，但是随着美容行业的不断发展，一定会像美容师、化妆师一样成为发展前景良好的优质职业。

 **相关链接**

世界技能大赛介绍

世界技能大赛特点：

层级最高，规模最大，国家最重视的"世界技能奥林匹克"；

赛程最长，模块最多，技能要求最全面，选手素质要求最全面；

难度最大，标准最高，竞争最激烈，最难得分；

规则最严，惩罚最严。

2013年第42届世界技能大赛，世界技能大赛的比赛项目共分为6个大类，分别为结构与建筑技术、创意艺术和时尚、信息与通信技术、制造与工程技术、社会与个人服务、运输与物流，共计46个竞赛项目。大部分竞赛项目对参赛选手的年龄限制为22岁，制造团队挑战赛、机电一体化、信息网络布线和飞机维修四个有工作经验要求的综合性项目，选手年龄限制为25岁。

美容属于社会与个人服务项目，分为面部护理、身体护理、美甲、化妆四个模块。

项目模块	42届配分	43届配分	44届配分
面部护理	30（面部脱毛5+染眉毛、睫毛5）	25（基础+超声波仪器）+5（染眉毛、睫毛）	25（高级+超声波仪器）+5（染眉毛、睫毛）+10（睫毛种植）
身体护理	35（身体护理+面部基础+身体按摩泰式按摩10）	25（磨砂、包裹、Lomi按摩）	25（清洁、磨砂、包裹、瑞典按摩）+10（面部、手臂、腿部脱毛）
美甲	10（足部护理涂甲油）	25（足护、水疗、法式）	10（足部护理红色甲油+手部修型、法式甲油）
化妆	15（幻彩妆+指甲彩绘）+10（新娘妆+法式指甲）	20（幻彩妆+创意美甲）	15（幻彩妆+创意美甲）

 课后思考

填空题

1. 皮肤清洁工作的步骤和方法是_____的工作要求。

2. 高级美容师要求能化_____、_____、_____三种妆面。

3. 中级化妆师要求掌握的表演化妆包括_____、_____、_____三种妆面。

4. 掌握各种性质肥胖体形的减肥知识是_____的工作要求。

试一试

搜集历届美容美发大赛优秀作品。

我的美容心得：

_____

_____

_____

任务四　制订自我职业规划

转眼一个学期过去了，美容护理、初级化妆、初级美甲这些专业课也陆续展开，但夕瑶却陷入了迷茫。美容这个专业越学越觉得学不够，但是将来的职业只能选择一种，爱好和职业应该如何权衡呢？

一、认识职业规划

职业规划的概念

职业规划是指个人发展与组织发展相结合，在对个人和内外环境因素进行分析的基础上，确定一个人的事业发展目标，并选择实现这一事业目标的职业或岗位，编制相应的工作、教育和培训行动的计划，对每一步骤的时间、项目和措施做出合理的安排。

图4-4-1

职业规划的作用

1. 帮助选择自己的职业发展道路

通过工作经验的积累而形成的职业锚，不仅反映个人的价值观与才干，而且能反映个人进入成年期的潜在需求和动机。个人抛"锚"于某一职业工作的过程，实际上就是个人自我真正认知的过程，认识自己具有什么样的能力、才干，并找到自己长期稳定的职业贡献区，从而决定自己将来的职业选择。

2. 确定职业目标，树立职业角色形象

职业锚清楚地反映出个人的职业追求与目标，同时，根据职业锚还可以判断个人达到职业成功的标准。例如我们美容专业人员属于技术性的工作，其志向和抱负是在专业技术方面获得成就；而美容企业管理型的人，其职业成功在于升迁至更高的职位，获得更大的管理机会。因此，明确自己的职业锚，可以帮助确定自己的职业目标及成功的标准，从而确定职业角色形象。

3. 有助于提高个人的工作技能，提升职业竞争力

职业锚是个人经过长期寻找所形成的职业工作定位，是个人的长期贡献区。职业锚形成后，个人便会相对稳定地从事某种职业，这样必然会累积工作经验、知识与技能。随着个人工作经验的丰富、知识的积累，个人的职业技能将不断增强，个人职业竞争力也随之增加。

职业规划的参考因素

1. 自身因素（性格、天赋、能力、潜力、智商、工作经历等）。

2. 所在组织提供的发展条件。

3. 社会环境给予的支持和制约因素。

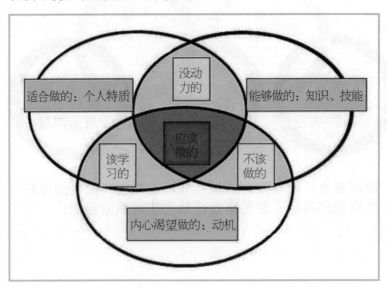

图4-4-2

案例故事

A同学非常爱打扮，穿衣时髦讲究，每天都画着浓重的眼线，但是她对美容全无兴趣，认为美容师就是"伺候人"的服务行业，她也放出豪言"绝对不当美容师，只当化妆师"。后来A同学实习期间找了个影楼化妆师助理的工作，可她没有想到，化妆师助理的工作也很琐碎辛苦，熨烫衣服、端茶送水都是助理的分内事，工作三个月根本没机会化妆。A同学很气恼："我凭兴趣选职业，为什么还会这样不开心？"

 案例分析

A同学的问题很常见，可以从如下方面分析。

1. 兴趣是选择职业的重要因素，但不是唯一因素。对职业不感兴趣，其实往往是不了解这个职业，A同学进校以后就放弃了美容课的学习，不愿意去了解美容，当然不会产生兴趣，这种不成熟的行为堵死了一条成才的道路。

2. 没有做好"学生"和"实习生"之间身份的转变。学生在学校里接受老师的教导和帮助，是一个获取的角色，而实习生要用自己的劳动来获得社会的认可，是一个付出的角色。比如A同学所厌恶的端茶送水的工作也是一种付出，但A同学明显没有习惯付出，更没有习惯自己的新身份，一时调整不过来，就产生了负面情绪。

3. 急于求成。许多同学和A同学一样觉得自己在学校里专业不错，一实习就希望逃避底层工作，成为单位的顶梁柱。这些同学虽然勇气可嘉，但是忽略了很重要的一点，单位和学校的环境不一样，领导和老师也不一样，领导的评价会更客观、更理性。A同学因为三个月没有学到新知识而困扰，其实工作三个月的实习生还处在单位的考察期，根本没到教授新知识的阶段。要成为大家认可的实习生，从小事做起很重要。

重点突破

1. 美容行业日新月异，社会对美容行业从业人员的素质要求也越来越高，现在早已不是"一招鲜，吃遍天"的时代了，学校之所以开设种类繁多的课程，是为了应对越来越多的美容诉求。在校期间认真学好每一门专业课，是就业的前提条件。只有在学好基础学科后再凭自己的兴趣和特长择业，才能在这个竞争激烈的行业里站住脚。

2. 在校期间要注重培养自己的社会适应能力，及时调整心态，远离一切负面情绪。

案例故事

B同学在一家中小型美容院实习，实习结束后，她觉得这家单位领导和同事都很好相处，薪水福利都很满意，就一直在那里工作了3年。天有不测风云，这家小美容院因为跟不上市场发展的步伐，经营不下去而倒闭了，B同学不得不重新找工作。可是B同学老实木讷，不善于与人沟通，3年来也没有学到什么新技术，新老板对她印象很不好，认为她一点也不像有工作经验的人。B同学也想学别人创业，但是自己的工资都"月光"了，手上根本没有启动资金。入行3年了，B同学第一次为生计发了愁。

 案例分析

1. 就业不是一劳永逸的，尤其是美容业流动性很大。B同学缺少必要的危机意识，没有重新择业的思想准备，随波逐流的心态很容易被行业无情地淘汰。

2. 中断了学习，失去了自我提升的机会。"活到老，学到老"不是一句空话，B同学认为出了校门就不用学习了，殊不知自己的竞争力已经没有了，所以在新单位才会得不到认可。

3. 缺乏长期的职业规划。B同学之前得过且过，举步不前，等到单位倒闭了才想起要自己创业，但又不具备创业的能力，这是一种很尴尬的境地。

 重点突破

机会是留给有准备的人的，先就业再择业再创业，是美容专业学生成才的一个合理的过程。

相关链接

微软公司前总裁比尔·盖茨曾说过这样一句话："所有员工都要有这样一个意识——微软公司还有三个月就要倒闭！"这似乎是杞人忧天、令人费解的。其实不然，盖茨这样说是要求员工都要有忧患意识，要不断进取。

二、制订职业规划

职业规划的步骤

1. 确定志向

志向是事业成功的基本前提，没有志向，事业的成功也就无从谈起。俗话说："志不立，天下无可成之事。"立志是人生的起点，反映一个人的理想、胸怀、情趣和价值观，影响一个人的奋斗目标及成就的大小。所以，在制订生涯规划时，首先要确立志向，这是制订职业生涯规划的关键，也是你的职业生涯中最重要的一点。

2. 自我评估

自我评估的目的，是认识自己、了解自己。因为只有认识自己，才能对自己的职业做出正确的选择，才能选定适合自己发展的职业生涯路线，才能对自己的职业生涯目标做出最佳抉择。自我评估包括自己的兴趣、特长、性格、学识、技能、智商、情商、思维方式、思维方法、道德水准，以及社会中的自我等。

3. 机会评估

职业生涯机会的评估，主要是评估各种环境因素对自己职业生涯发展的影响。每个人都处在一定的环境之中，离开了这个环境，便无法生存与成长。所以，在制订个人的职业生涯规划时，要分析环境条件的特点、环境的发展变化情况、自己与环境的关系、自己在这个环境中的地位、环境对自己提出的要求，以及环境对自己有利的条件与不利的条件等。只有对这些环境因素充分了解，才能做到在复杂环境中趋利避害，使你的职业生涯规划具有实际意义。

环境因素评估主要包括。

（1）组织环境；

（2）政治环境；

（3）社会环境；

（4）经济环境。

4. 职业选择

职业选择正确与否，直接关系到人生事业的成功与失败。据统计，在选错职业的人当中，有80%的人在事业上是失败者。正如人们所说的"女怕嫁错郎，男怕选错行"。由此可见，职业选择对人生事业发展何等重要。如何才能选择正确的职业呢？至少应考虑以下几点。

（1）性格与职业的匹配；

（2）兴趣与职业的匹配；

（3）特长与职业的匹配；

（4）内外环境与职业相适应。

5. 路线选择

在职业确定后，向哪一条路线发展，此时要做出选择。即是向行政管理路线发展，还是向专业技术路线发展；或是先走技术路线，再转向行政管理路线……由于发展路线不同，对职业发展的要求也不相同。因此，在职业生涯规划中，须做出抉择，以便使自己的学习、工作以及各种行动措施沿着你的职业生涯路线或预定的方向前进。通常职业生涯路线的选择须考虑以下三个问题。

（1）我想往哪一路线发展？

（2）我能往哪一路线发展？

（3）我可以往哪一路线发展？

对以上三个问题，进行综合分析，以此确定自己的最佳职业生涯路线。

 任务拓展

任务情境

夕瑶听了这些案例故事，深刻感受到职业生涯规划的重要性，她决定为自己写一份独一无二的职业规划书。

任务要求

1. 对自己进行多方位的评价。

2. 对职业环境进行有效的评估。

3. 确立合理的目标并进行自我盘点。

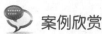 案例欣赏

中职生职业规划书

作者徐珺，女，杭州拱墅职业高级中学形象设计专业2010级学生，曾荣获全国技能大赛新娘化妆三等奖，全国文明风采大赛职业生涯规划项目二等奖。

1. 多元评价主体眼中的"我"

评价主体	优　点	缺　点
自我评价	为人平和，善于相处，谦虚谨慎 学习能力强，能够在较短的时间内接受新的知识、适应新的环境；性格温和，能够与各种人相处，具有较强的团队意识；正直，责任心强，做事认真而且三思而后行，有计划性	有时做事粗心大意，没有耐心
家人评价	真诚善良，率真，聪明	做事缺少勇气
老师评价	学习认真，自律能力强	课堂上积极主动但欠缺勇气
朋友评价	稳重，聪明，做事认真，平易近人	社会经验有待加强
同学评价	做事认真，乐于助人	表现自我不够大胆
其他社会关系评价	稳重，有开拓精神，有领导能力	做事不够果断，勇气不够

我的职业个性、学习状况和行为习惯

我运用老师提供的职业个性测量表进行自我测试，并详细分析了自己的学习状况、行为习惯等影响职业生涯发展的个人条件，具体情况如下表所示。

"现在的我"：个人职业个性、学习状况及行为习惯等分析		
项　目	优　势	劣　势
职业兴趣	1. "喜欢从事服务性行业工作""喜欢与人打打交道"	有时比较任性和固执还不善于有效地充分利用时间自主学习能力还需提高自控能力有待加强较为粗心有时会因为不顺心，压抑不住，脾气变得暴躁，心情烦躁，很多事情就不会理性、客观地去处理
职业能力	2. 学习能力强，言语能力强，组织管理能力较强	
职业性格	3. 属于"劝服型"，"对于别人的反应有较强的判断力，且善于影响他人的态度、观点和判断"	
学习状况	4. 所学专业是自己的兴趣，学习充满热情 5. 上课注意力集中，思维活跃；目前各科成绩整体属于中上水平	
行为习惯	6. 兴趣广泛，发展较为全面，在手工制作、组织等方面有一定特长 7. 担任团支书能以身作则，遵守纪律，礼貌待人；广泛参加各种活动，锻炼了协调能力和人际交往能力。在学生会担任干部的两年，让我积累了管理经验，提高了组织协调管理能力、交往协作能力、人际沟通能力 8. 活泼开朗，富有同情心，认真、踏实、有责任心；做事较严谨、有计划，讲信誉 9. 善于听取他人意见和建议，能够自我改进	

2. 职业环境评估

中国美容美发业正处于较快增长期，属于一个完全竞争的成长型产业。仅最近五年的新开店数就占了总数的78%。美容美发业无论是在GDP中所占比重，还是在第三产业中所占比重及就业人数均呈增长态势。美容美发业的这种快速发展态势表明：该产业属于朝阳产业，是一个投入少、门槛低、民营资本占绝对优势的新兴服务产业，也是典型的青春产业，是吸纳新生劳动力就业和失业人员再就业的有力就业门路。

所以，现在就要把握机会，在产业刚刚兴起、竞争还不是很激烈时，及早进入这个行业，并努力成为佼佼者。

3. 确定目标

人往高处走，水往低处流。不怕做不到，只怕想不到。想要自己的人生更精彩，首先给自己一个明确的目标，或许这个目标有很大的难度，但也有极大的吸引力。所以，在就业时我会慎重地选择，但也会考虑到自己的切身利益，只有对自己有益，才会有动力达成目标。现在，我已经开始行动，开始关注社会所需要的职业与我所定立的目标是否有冲突，只有这样，才不会使自己的目标落空。

我将目标的实现期限定在了十五年。只有意识到时间的紧迫，工作效率才会提高。好的，我的职业生涯马上就要亮绿灯了，开始行动，规划自己职业生涯的发展阶段，实现自己的职业目标。

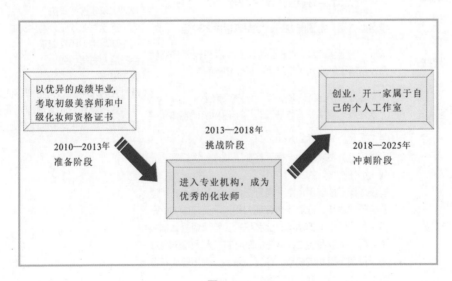

图4-4-3

职业生涯行动发展阶段并制定相应的发展措施

计划名称	时间跨度	总目标	分目标	计划内容	策略和措施
准备阶段 在校计划	2010—2013年	①在校学习期间拿到专业"初级美容师证书"和"中级化妆师证书"，争取"区三好学生"和"市三好学生"的荣誉 ②积极参加校内外的各项活动，最后以优异的成绩毕业	①高一：认真学习文化课和专业课，准备会考和考取初级美容证书 ②高二：加强专业课的训练，多参加一些课外实践活动，以及准备中级化妆师等级证书考试 ③高三：做好实习准备	①在校期间努力学习文化课，决不能落后。努力争取各项评优 ②专业课发奋练习，多做笔记，下课勤加补习，多听取老师和同学的意见，不让自己落后 ③课后多参加一些校内外组织的活动和学生会、班级的竞选	①高一：文化课，上课认真听讲，积极提问，下课多加复习以及做好课后作业，认真对待每一次考试，通过文化课会考。专业技能上，认真听讲，多做笔记，认真对待老师的每一次操作示范，课后自己多加练习。平时多看一些与自己专业相关的图书，多了解当下的潮流。考取"初级美容师" ②高二：文化课，养成良好的学习习惯，提高自学能力，利用课余时间重点补习自己落下的课。专业课，进一步提高专业能力，苦练专业技术，把握实习机会，提高教育实践能力，有意识地观察记录实习期间所学到的技巧和经验。考取"中级化妆师" ③其他方面：多参加校内外各项活动和公益活动，发挥班长的作用，带领班集体开展各项活动
挑战阶段 毕业后五年计划	2013—2018年	①努力工作，提升自我专业能力 ②在生活和工作上搞好人际关系，积累客户资源，为自己以后的创业道路做铺垫 ③抓住机会，考取高级化妆师证书	①前两年：认真做好自己的本职工作，在工作中积累经验，学习相关的专业知识，提高技能 ②中间两年：在与同事和睦相处的基础上积极进取，把握机会，积累经验，努力攀登。争取做个优秀的化妆师 ③第五年：凭自己的实力争取做首席化妆师，并报考"高级化妆师"	①进入专业机构，谋求自己的发展空间，明确自己的工作岗位 ②积累经验，不断提升自己的化妆技能，敢于实践，把握上升的机会。积累相应的客户资源，搞好人际关系 ③不断关注该职业的前景、发展的长远性，为创业做准备	①严格遵守单位规章制度，踏实、勤奋 ②工作期间勤学好问，虚心向他人请教，不怕辛苦和麻烦，建立良好的人际关系 ③练好普通话，学习顾客心理学，满足顾客所需，学会和顾客沟通和交流，积累客户资源 ④不断提升自己的技能，多学、多做 ⑤关注该专业的经营模式和管理方式，为将来创业做准备 ⑥下班后，多思考、多阅读，了解当下的潮流和行业前景，提升自己的内在素养

续表

计划名称	时间跨度	总目标	分目标	计划内容	策略和措施
冲刺阶段创业计划	2018—2025年	积累经验，把握机会，筹集资金，寻找合适的合作伙伴，开设属于自己的个人形象工作室	①前两年：积累经验，借鉴、学习成功创业者的经验 ②第三、四年：进一步筹集资金，并注意观察选择合适的地址 ③最后几年：创业	①前两年：在原有工作经验的基础上，寻找合适的合作伙伴，同时学习并积累经验，平时多学习，借鉴一些成功创业者的事例，从中吸取经验 ②还要懂得怎样与人相处，怎样去招待顾客，服务贴心、到家 ③第5~10年：实践，找到一位导师，正确引导我们创业，开始新起点	①坚守自己的岗位，平时多注意自己的谈吐、言行、待人接物，多学习、积累一些服务性行业的行业规则，培养自己的口头表达能力、语言交际能力，同时不断提高自身修养和素质 ②在工作中多与比自己经验多的、年长的同事和老师学习讨论，提一些关于创业的问题，比如注意事项。及时提出自己的烦恼，端正自己的创业态度，不要太激进 ③寻找合作伙伴，积累资金；学习市场营销方面的知识；学会正确地选择，开始进行创业的前期工作 ④寻找合适的导师，在导师带领下开始创业活动

4. 我思我悟

职业生涯是一条漫长的路，自己选的路，就要走到底。我会认认真真、踏踏实实地走好每一步，不断努力、不断奋斗，直到最后。相信通过努力，我一定能实现自己的人生目标，拥有属于个人的工作室。自己的路，自己选；自己的辉煌，也由自己创造。我相信，我会是这样的人，我会凭自己的双手创造属于自己的明天！

教师点评：

该同学结合自己所学的专业以及个人的兴趣，做了自己职业生涯的规划。其目标是成为一名优秀的专业化妆师，并在此基础上拥有自己的个人工作室。

围绕这一目标，她对自身条件进行了深刻的分析，既有对自身性格的剖析，又有对当前就业形势的分析。重要的是，她的职业生涯规划的目标不仅在其力所能及的范围内，而且追求的目标也有一定的高度，立志拥有自己的工作室。这份规划书向我们生动地展示了作者对自己所学专业的热爱，并且用自己阶段性的努力来实现自己的目标，而这一选择不是盲目、随意的，而是具体、可行的。

该设计的最大特点是：作者将职业生涯规划与现实真正结合起来，在日常生活与学习中严格遵守和不断调整，才有了她目前的成果。如今的她为自己设定的目标不断努力着。

 **相关链接**

关于职业规划的名人名言

志当存高远。——（三国时期蜀汉丞相）诸葛亮

志不强者智不达。——（战国时期思想家）墨翟

人生最困难的事情是认识自己。——（巴西足球运动员）特莱斯

世界上最快乐的事，莫过于为理想而奋斗。——（古希腊哲学家）苏格拉底

白日莫空过，青春不再来。——（唐代诗人）林宽

做一份工作，做一份喜欢的工作就是很好的创业。——（阿里巴巴创始人）马云

不想当将军的士兵不是好士兵，但是一个当不好士兵的将军一定不是好将军。——（阿里巴巴创始人）马云

 课后思考

综合一个学期以来的学习体会，完成下面的表格。

在校阶段的职业规划

	学习重点	取得的专业等级证书	定下的目标
高一第一学期			
高一第二学期			
高二第一学期			
高二第二学期			

采访一位实习期间的学长或学姐，比较在校生和实习生的区别，完成以下表格。

	在 校 生	实 习 生
心 态		
目 标		
目标达成的手段		

我的美容心得：

_____

_____

_____

 项目总结

  随着社会的发展，美容业从业人员的需求量逐年增加，对其职业要求也大大提高。美容师、化妆师和化妆品导购都是表现美和传播美的职业，初学阶段应能掌握美容美体护理知识，树立专业的美容从业人员的形象，并且应对个人的美容生涯有一个合理科学的规划，这是顺利进入美容行业的前提条件。

项目反思

日期：　　　年　　月　　日

附 录 一

洗面产品成分一览表

基本成分	油脂制成的皂基	脂肪酸与碱剂共制而成	果酸	维生素C，果酸
添加成分	羊毛脂、维生素E、植物油、植物萃取成分、高级醇脂等，色料、香料、防腐剂等	油脂、碱性剂	维生素C、维生素E等（部分产品）	碱剂、表面活性剂、植物萃取成分等
产品特性	碱性（pH9~10），去脂佳	因表面活性剂种类而异	不含皂配方、不含SLS及SLES清洁成分，酸性配方为宜	清洁力弱，含碱剂或果酸者，角质溶解力较差，但相对具有刺激性
使用对象	健康偏油性肌肤	健康混合性肌肤	肤况健康者、需增强肌肤弹性者	化脓肌肤、过敏性肌肤、中干性肌肤
忌用对象	过敏肤质、干燥肤质、青春痘化脓肌肤	干燥肤质、青春痘化脓肌肤	敏感性肌肤、青春痘粉刺肌肤	油性肤质、皮质污垢严重者
使用须知	去油能力超强，但别忘了去油后的补水更重要	能比较彻底地去除油脂，也不会过多夺取水分	果酸带有微弱的腐蚀性，不应长期使用	任何美白成分洗面乳的使用，效果都是有限的
关怀小语	油性肌肤不要一味强调去油，更多的补水、调整饮食才是护肤的最佳方式	不论何种肤质，选择优良无刺激的洗净成分，才能永葆肌肤的健康美丽。先选择好产品，再坚持使用这些好产品	过度去角质会降低肌肤的防御功能，所以使用时要适可而止，让肌肤休息一下	少晒太阳自然白，多吃维生素C，搭配美白霜使用效果佳。黑斑、雀斑要找医生除去，擦化妆品徒劳无功，只要再暴露于阳光下又会生成新的黑斑

美容
基础

附 录 二

常见瘦身药物成分介绍一览表

名称	作用特点	不良影响
罗氏群	能抑制胃肠道中脂肪的活动，抑制脂肪的分解。没有被分解的脂肪粒太大，就无法被人体吸收，如此可以使食物中只有约30％的脂肪被吸收	长期使用可能降低脂溶性维生素A、维生素D、维生素E、维生素K的吸收，造成眼睛及皮肤的病变，钙质吸收减弱，凝血功能变差
甲状腺激素	提高基础代谢率，进而燃烧部分脂肪	不当使用会出现失眠、心悸、腹泻、四肢无力、高血压及心脏方面的不良反应
利尿剂	排尿次数增加，让体内的水分大量流失，以达到体重下降的假象	过分的水分流失，会出现脱水、血压降低、呕吐、眩晕等不良反应，严重时会造成肾脏病变
麻黄素	抑制食欲及消耗部分热量，达到减肥效果	不良反应多为心悸、高血压、失眠、焦虑不安等，严重时可能产生卒中（中风）、心血管病变
泻药	作用在肠胃中，引起间歇性的腹泻，借此排除体内的水分与废弃物	长期处在腹泻状况，会影响营养素的吸收，导致贫血、营养不良等现象。过度依赖则会造成便秘、肠功能不良，严重时甚至发生脱水、电解质失衡、腹泻、昏厥等
安非他命	以降低食欲，减少食量来控制体重	容易成瘾，长期服用会出现失眠、头疼、幻听、话多、紧张，严重者还会出现暴力及自杀现象
成分不明的减肥中药	由各种中药材配制而成，成分不明，可能有软便、腹泻或刺激自主神经等作用	成分不明，所以不良反应五花八门，多是心悸、失眠、头疼等现象

附 录 三

消费品使用说明　化妆品通用标签

参考文献

1. [法] 皮埃尔·维冈. 精油的益处 [M]. 张蔷，译. 桂林：漓江出版社，2012.

2. 萱琳娜. 芳香精油魔法书 [M]. 上海：上海科学技术出版社，2010.

3. 中国就业培训技术指导中心. 美容师：基础知识 [M]. 北京：中国劳动社会保障出版社，2005.

4. 图说生活·美丽女人系列编委会. 美丽圣经 [M]. 上海：上海科学普及出版社，2009.